插画场景绘画教室

用CLIP STUDIO PAINT 设计传递人物心声的场景

[日] 清水洋 著　　鸦雀 译

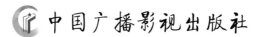

中国广播影视出版社

图书在版编目（CIP）数据

插画场景绘画教室：用CLIP STUDIO PAINT设计传递
人物心声的场景／（日）清水洋著；鸦雀译. -- 北京：
中国广播影视出版社，2023.7
　　ISBN 978-7-5043-8769-1

　　Ⅰ.①插…Ⅱ.①清…②鸦…Ⅲ.①三维动画软件
Ⅳ.①TP391.414

中国版本图书馆CIP数据核字(2022)第007929号

著作权合同登记号：图字　01-2022-4997

插画场景绘画教室
用CLIP STUDIO PAINT设计传递人物心声的场景

[日] 清水洋　著　　鸦雀　译

责任编辑	王　萱　　胡欣怡	
策　　划	夜　森　　白　坯	
装帧设计	曾六六	
版式设计	莫　莉	
责任校对	龚　晨	

出版发行	中国广播影视出版社
电　　话	010-86093580　010-86093583
社　　址	北京市西城区真武庙二条9号
邮　　编	100045
网　　址	www.crtp.com.cn
电子邮箱	crtp8@sina.com
经　　销	全国各地新华书店
印　　刷	北京盛通印刷股份有限公司

开　　本	880毫米×1230毫米　1/16
字　　数	100（千）字
印　　张	13.25
版　　次	2023年7月第1版　2023年7月第1次印刷

书　　号	978-7-5043-8769-1
定　　价	99.00元

序

感谢购买本书。我是清水洋。

首先介绍本书的最大卖点,即随书附赠笔刷。绘画教程中的 24 种笔刷都可以下载。本书的笔刷都是我制作的,专业的插画师也可以使用。

我在游戏《刀锋之战》(史克威尔·艾尼克斯)的背景、概念图、主视觉图及动画《甲铁城的卡巴内利》(WIT STUDIO)的概念图等很多商业作品中也使用了这些笔刷。当然,有了笔刷也不代表就能熟练使用,我会重点讲解笔刷的选择、使用场合、使用技巧等知识。

本书中展现了以人物为主题的八个不同的场景。主要讲解这八张插画从草图到完成的制作过程。

绘制过程中,围绕笔刷的使用,主要讲述体现人物魅力的背景画法以及如何绘制出一张完整作品的想法及技巧。每个过程中都会说明"为什么这样",所以可能会让思维局限住。其实,绘画是连续的选择。场景设置在哪里、用什么颜色、用什么笔刷、用什么笔法等,全都是自由的,但也正因如此,往往很难选出最合适的。"如果是 A 的话接下来就选 B"的说法呢,情况稍微发生变化就会不适用,"因为这一步是 A 所以下一步选 B"的说法呢,只要知道选择的意义和理由,那所有情况都适用。

本书也介绍到了透视的画法。Scene 4 开始各章节依次介绍了一点透视、两点透视、三点透视,难度逐渐增加,并且总结了基本的思考方法和实际画法,透视尺的设置及运用等。透视尺虽然是 CLIP STUDIO PAINT 的核心功能,但实际上很少有人能熟练使用。本书中的透视尺用法既高效又简单,能让人很快掌握。

另外,绘画过程中提到的重要技巧以及天空、树、草、花等常见元素的画法,简单总结在 Technique 页面。建议不会画的时候可以像查阅字典那样查阅参考。

本书比起我的第一本作品《梦幻背景绘画教室》更适用于初学者。希望平时擅长人物,但不擅长背景,觉得背景很难的人能够阅读本书。只要使用本书的笔刷,读懂使用方法,就不会觉得背景难画了。

希望大家能感受到绘画的乐趣,享受带着自己笔下的人物去幻想世界遨游的乐趣。

清水 洋

Scene 4   夕阳下的归途——用一点透视图法绘制的背景

I love Tools experiments.
I am always mixing them.

$6O_2 + 12H_2O \rightarrow C_6H_{12}O_6 + 6O_2 + 6$

Scene 6　　飘雪的街道——用两点透视图法绘制的梦幻街道

本书的阅读方法和赠品的使用方法

 本书的内容

本书共八个彩色场景，详细画法可见绘画教程。透视相关内容可参见 Perspective 页面，绘画教程中没完整说明的重要技巧及常用元素的画法可参见 Technique 页面。

本书中使用的软件版本是 CLIP STUDIO PAINT PRO 1.7.3 Windows/macOS 版（以下简称 CLIP STUDIO PAINT）。

本书中介绍的快捷键基于 Windows 的键盘。如使用 macOS 系统，[Ctrl] 替换成 [⌘]，[Alt] 替换成 [option]。

 本书的页面构成

● Making 页面：从草图到收尾的制作过程

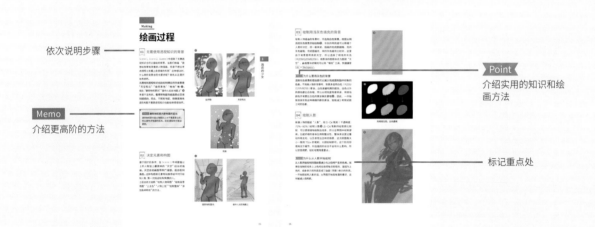

● Perspective 页面：透视的思考方法和透视笔刷、透视尺的使用方法

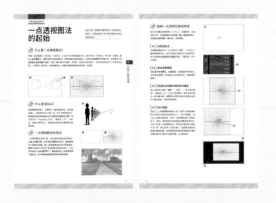 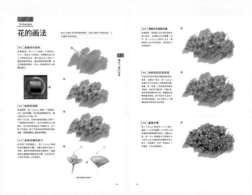

● Technique 页面：常用元素的画法和重要技巧

赠品的下载方法

本书附赠的笔刷文件和图像文件，读者可前往下文中的网址下载，打开下载完成的文件前，请务必先阅读"使用必读 .txt"文件。

笔刷文件适用于 CLIP STUDIO PAINT PRO 1.7.3，可能无法在旧版的 CLIP STUDIO PAINT 中使用。

本书赠品的下载网址：http://web.lichaowenchuang.com/#/download

* 电子赠品仅限购买本书的读者使用。

* 作者、出版社对电子赠品文件运行后产生的结果概不负责，请读者自行承担责任。

 ## 附赠笔刷文件的使用方法

打开下载完成的 ZIP 文件"YS_brush.zip"（如果是 Windows 系统，右键选择"打开全部"），从中选择想使用的笔刷文件，并拖动到 CLIP STUDIO PAINT 的"辅助工具"面板中，这样就可以导入软件了。

选择导入成功的笔刷（辅助工具）并拖动到"工具"面板和"辅助工具"组中，放在自己方便使用的位置更好。

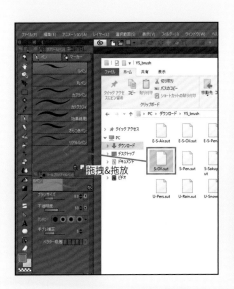
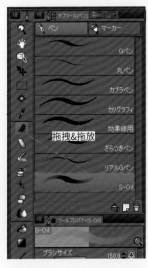
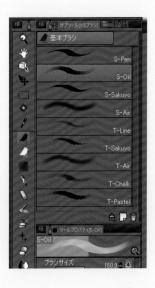

目 录

Scene 3

魔法属性的特效

火、水、雷、风、土、冰的画法

Making

Scene 4

夕阳下的归途

用一点透视图法绘制的背景

Perspective

Making

Scene 5

博士喜爱的研究室

用两点透视图法绘制的室内

Scene 6

飘雪的街道

用两点透视图法绘制
的梦幻街道

Scene 7

蒸汽少女的日常

用三点透视图法绘制的蒸汽朋克的世界

Scene 8

海风的街道

描绘广阔的世界

数码插画的基础概念

为了能让绘画者顺利阅读本书，本部分将介绍数码插画的基础概念，希望绘画者能在开始学习前就掌握。CLIP STUDIO PAINT 有很多功能，但在实际绘画过程中并不会用到那么多的功能。为了更有效率地绘画，比起使用很多的功能，熟练掌握某几个实用的功能更重要。

Introduction 中涉及的内容

● 绘制立体的基本（p.3）

绘制有纵深的场景时，要掌握场景中的物体表面在纵深空间中的走向。这既是绘制立体的基础，也是本书最重要的一部分。

● 附赠笔刷一览及基本用语一览（p.5）

本部分将介绍书中使用的 24 种笔刷。本书的插画仅使用了这些笔刷，后半部分会解释书中使用的若干绘画基本用语。

● 用 CLIP STUDIO PAINT 绘画的基础知识（p.9）

本部分将介绍在 CLIP STUDIO PAINT 中用本书的附赠笔刷绘画的基本步骤和操作方法。绘画中有三种笔刷是必备的，熟练掌握后什么都可以画。

绘制立体的基本

绘制立体的基本是捕捉元素的面。"分解成面技巧"是绘画的基本，也是最重要的技巧。

绘制立体的基本是"分解成面技巧"

为表现立体感以及有纵深的空间，一定要"掌握物体的表面走向"。这个技巧因为要掌握物体的表面，所以被称为"分解成面技巧"。所谓走向，也可以叫作角度，但实际在绘制的时候，由于用的不是角度度数这种明确的数字，仅凭绘画者的感觉掌握，所以这里称作走向。

将物体分解成面再绘制的方法

以 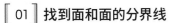 为例，分解箱子的面，讲解实际绘制的顺序。

[01] 找到面和面的分界线

仔细观察箱子 ，找到面和面的分界线 。这样就能发现这个箱子由 A、B、C 共三个面构成。

[02] 在脑海中感受箱子

像 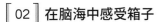 那样在脑中感受箱子的三个面。想象手在顺着箭头方向抚摸。这样就对各个面的走向留有印象。

[03] 绘制线稿

对面的走向有具体印象后便可以开始绘制。首先，简单绘制出面的分界线 ❷ 和轮廓线 ❹。

[04] 注意面的方向

接着给面上色。顺着 02 中分解的面的方向移动笔刷。A 面就像 ❺，B 面就像 ❻ 那样绘制。不过也绝对不是必须像 ❺ 和 ❻ 那样绘制。总而言之，将脑中面的走向具体化的时候，只要沿着面落笔就好。最重要的是，一边回想在脑中触摸箱子时的走向，一边落笔。

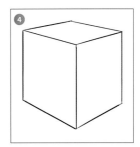

掌握面的练习

为掌握"分解成面"的技术，较为有效的练习是"厚涂（数码）""水彩上色""炭笔素描"等。这些画法都是用笔或刷子等，使用了能够一笔覆盖面（较广范围）的画具，所以适合表现面的练习。为了能够掌握面，多练习画面是重要的 **7**。

我推荐用 CLIP STUDIO PAINR 等数码软件练习厚涂。一边熟悉数码软件，一边做面的练习，这样非常有效率。另外，本书附赠的笔刷 S-Oil 笔刷（p.9）最适合用来练习。

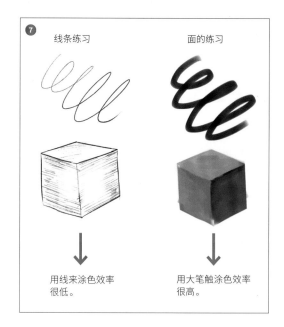

7

线条练习　　　　　　　面的练习

用线来涂色效率很低。　　　　用大笔触涂色效率很高。

 ## 分解画中所有的面

要绘制出有立体感的画，就要将画中所有元素都分解变成面。比如，本书封面中面的走向可参考 **8**。

不止人物的脸、胳膊、短裙，甚至背景里的云、一个个建筑物，所有元素的面的走向都被标记出了。看了这个，可能有人会觉得分解成面很难。确实，分解成面技巧是绘画中最难的技巧。分解成面的技巧不是一朝一夕就能掌握的，但如果能够捕捉所有的面并表现这些面，那就没有什么画不出来了。

8

附赠笔刷一览
基本用语一览

本部分将结合笔刷痕迹的图片来介绍附赠笔刷。 另外还将简单介绍本书使用的基本用语。

 附赠笔刷

根据绘制东西的不同，选择不同的笔刷，这样便能高效绘制出各种元素。为配合本书中不同的画法，我将自己做的24 种笔刷分享给大家。笔刷的下载及 CLIP STUDIO PAINT 中的导入方法请参考目录前页。

 基本笔刷

这里介绍的是所有情况都可以用的万能笔刷。本书的制作部分基本使用了这里所有的笔刷。笔刷名中的 S 是 Smooth 的缩略，表示光滑的质感，笔刷名中的 T 是 Texture 的缩略，表示较为粗糙的质感。

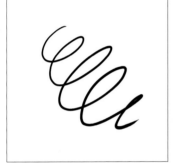

❶ S-Pen 笔刷
表现墨水笔的笔刷，用力程度带来笔迹粗细的变化。可以绘制出光滑锋利的线条。多用于收尾时。

❷ S-Oil 笔刷
表现油彩光滑笔触的笔刷，压感不同会带来锋利程度及不透明度的变化。从画的草稿到收尾，从人物到背景都可以用。

❸ S-Sakuyo 笔刷
表现动画背景时用的削用笔的笔刷，用力程度会带来笔迹的粗细、不透明度的变化。主要用来绘制植物等自然生物。

❹ S-Air 笔刷
表现空气感的笔刷，用力程度带来笔迹的粗细、不透明度的变化。主要在表现平滑渐变及空气感时使用。

❺ T-Line 笔刷
表现笔刷毛散开的笔的笔刷，用力程度带来不透明度的变化。主要用来绘制杂草等植物和打底。

❻ T-Sakuyo 笔刷
在 S-Sakuyo 笔刷的基础上使用了纹理，再现了临摹感，用力程度带来笔迹粗细、不透明度的变化。主要用来绘制植物的打底和细节。

7 T-Air 笔刷
表现有空气刷临摹感的颗粒的笔刷，用力程度带来笔迹的粗细、不透明度的变化。主要用来表现有灰尘的光。

8 T-Chalk 笔刷
表现粉笔粗糙感的笔刷，用力程度带来不透明度的变化。主要用于画作的打底和需要信息量的部分。

9 T-Pastel 笔刷
表现蜡笔的笔刷，用力程度带来不透明度的变化。主要用于天空和地面的打底。

 擦除笔刷

擦除笔刷可用来"消除"基本笔刷的合成模式。其中 E- 是 Eraser 的缩略。参考图片中擦除了黑底。

10 E-S-Pen 笔刷
擦除 S-Pen 笔刷，可以锋利擦除，需要突出轮廓时使用。

11 E-S-Air 笔刷
擦除 S-Air 笔刷，做渐变等调整将部分笔刷擦除变淡时使用。

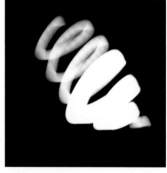

12 E-S-Oil 笔刷
擦除 S-Oil 笔刷，用力程度可以控制擦除的力度。通常和 S-Oil 笔刷组合使用。

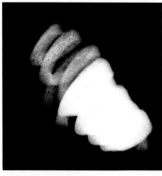

13 E-T-Chalk 笔刷
擦除 T-Chalk 笔刷，消除笔迹体现粗糙质感时使用。

14 E-U-Cloud 笔刷
擦除 U-Cloud 笔刷，需要绘制烟、云等表现消失变化时使用。

 **特殊笔刷**

绘制特定元素时比较方便的刷子。U- 是 Unique 的缩略，表示是特殊的笔刷。使用特殊笔刷可以轻松绘制背景，本书中为了重点讲解基本笔刷，特殊笔刷尽可能少用。

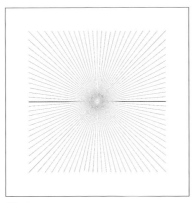

⑮ U-Pers 笔刷
只靠变形，就可以简单绘制出正确的透视网格。Scene 4、5、6、7 中使用了。详细用法请参考 p.72。

⑯ U-Cloud 笔刷
轻松绘制出平常比较难绘制的烟、云等复杂的变化。用力程度可改变不透明度和笔迹的粗细。Scene 7 等场景中有使用。

⑰ U-Rain 笔刷
可以快速绘制出降落的雨滴。用力程度可改变雨滴的大小和密度。

⑱ U-Snow 笔刷
可以快速绘制出飘雪的颗粒。用力程度可改变雪的大小和不透明度。Scene 5 中使用了。

⑲ U-Star 笔刷
可以快速绘制出星空。用力程度可改变密度和不透明度。

⑳ U-Grass 笔刷
可以快速绘制出草丛的轮廓。用力程度可改变草的大小，笔刷移动的方向可以改变草丛的朝向。

晕染笔刷

可以绘制出渐变融合感，带来变化的笔刷。G- 是 Gradation 的缩略，表示带有渐变功能的笔刷。

㉑ G-Paper 笔刷
再现纸张纤维感的笔刷。需要表现天空和云等临摹感时使用。

㉒ G-S-Oil 笔刷
让 S-Oil 笔刷晕染的笔刷。因为光滑颜色充沛，可以充分晕染，用于人物的涂画。

㉓ G-Finger 笔刷
可以表现用手指抹开颜料的笔刷。主要用于受水和特效影响变化的时候。

本书中使用的绘画基本用语

● 球体的例子

以球体为例，来说明本书中使用的基本用语。

笔触**❶**：拉线、布点、笔像锯齿般移动等，让笔不停地动，表现笔刷的笔迹。

边界**❷**：创作时，为了对绘制时的位置、大小、对象有个大致头绪，而绘制的线条轮廓，一般也用做打底。

打底**❸**：留有大量笔迹和作画信息的底稿。

高光**❹**：光线反射最强的明亮部分。

中间色调**❺**：高光和阴影的中间部分。

色彩组中箱子的中心**❻**：边界。

阴影**❼**：没有光线，暗的部分。

反射光**❽**：光射到地面反射出明亮的部分。

固有色：元素本来的颜色，比如西红柿就是红色。

㉔ G-U-Cloud笔刷
使 U-Cloud 笔刷增加晕染感。可以表现云样的朦胧感，一般用于绘制天空和云。

● 颜色

颜色有三种属性，基于这个选择颜色。这里将会介绍颜色属性和色环的关系。

色相：指颜色的配合。转动色环**❾**来决定。

明度：指色彩的亮度。白色最亮，黑色最暗。由纵向**❿**来决定。

饱和度：指色彩的鲜艳程度。由横向**⓫**来决定。

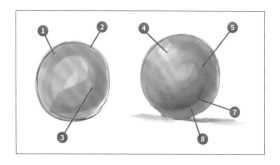

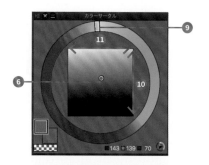

用CLIP STUDIO PAINT
绘画的基础知识

本部分将讲解本书的附赠笔刷的使用方法等基本的知识。

这里基于已经导入本书附赠笔刷的前提。 笔刷的下载及设置等请参考目录前页。

绘画时使用的笔刷

只要有了本书附赠的三种笔刷和"吸管"工具，基本上可以绘制出所有元素。

基本笔刷（p.5）　　擦除笔刷（p.6）　　晕染笔刷（p.7）　　吸管工具

绘制球体

以球体为示范来绘制。

[01] 新建文件

启动 CLIP STUDIO PAINT 后，按住 Ctrl + N，即可新建文件。建议将画布宽和高设置为 2000px 以上，分辨率设为 350dpi，这样基本能满足所有情况，印刷时也绰绰有余❶。另外，"纸张色"也设置为开启❷。设置结束后点击 OK。

[02] 确认图层状态

图层面板上有"图层1"图层和"纸张"图层。一开始要在"图层1"图层上绘制。在选定该图层的状态❸下开始绘制。

"图层"面板等各种面板没有显示时，从菜单的"窗口"栏进入，找到并勾选。

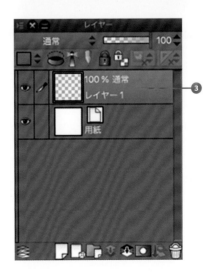

[03] 选择基本笔刷

在"辅助工具"面板中选择本书的基本笔刷
（p.5）S-Oil 笔刷❹。在"工具属性"面板中
设置"笔刷大小为 80px"，"不透明度为
40%"❺。从色环面板中选择（R112/G112/
B112）的颜色❻。这样就准备完成了。

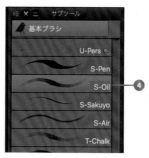

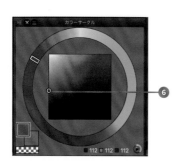

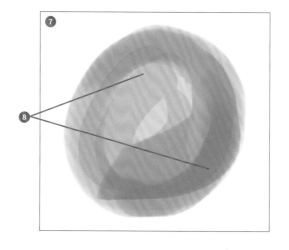

[04] 绘制轮廓

用笔刷绘制圆形的轮廓❼。从轮廓开始绘制
比较容易对球体有个大概印象。要点是笔触
叠加呈现颜色变化❽。

[05] 新建素描的图层

绘制完轮廓后，接着绘制素描。素描不在轮
廓的图层上绘制，需新建图层。进入菜单，
选择"图层"→"新建图层"→"栅格图层"，
点击 OK。这样图层面板中就会出现"图层
2"❾。光栅图层就是一般使用的图层。
同时按 Ctrl + Shift + N 也可以新建栅格图
层。快捷键非常方便，请一定要记住。

[06] 绘制球体的素描

在基本笔刷中选择 S-Pen 笔刷，设置"笔
刷大小为 30px"，"不透明度为 30%"，在
"图层 2"上面绘制球体的轮廓线。比起单线
条，用细细的线条叠加更有趣❿。

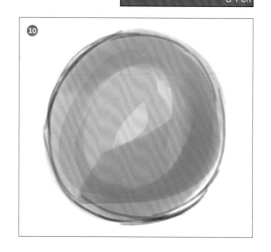

[07] 新建阴影图层

阴影也绘制在别的图层上。和刚才一样新建
图层**11**。

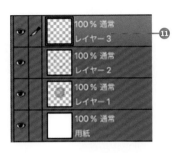

阴影的颜色从画好的图上取色。从工具面板上
选择吸管工具**12**，在颜色较深处取色**13**。吸
管工具可以按 [Alt] 切换。实际操作时经常在
绘制时按住 [Alt] 来取色，松开 [Alt] 恢复成原
来的笔刷。

笔刷一般选择 S-Oil 笔刷。这里将笔刷的不透
明度设为 70%，让朦胧的部分变清晰。

在球体的右边**14**绘制上阴影，在球面落笔时能
够有意识地表现立体感。给人以沿着球体的表
面抚摸的感觉。球体的阴影绘制好后，再绘制
球体投在地上的阴影。物体投在地上的阴影，
能够让人感觉到物体强烈的存在感。

[08] 整合图层

整合轮廓、素描、阴影的图层。分开图层是为
了修改的时候可以只修改素描或者只修改阴
影。但是，达到一定程度后，合并轮廓、素
描、阴影在一个图层上再修改会更有趣。这里
开始要收尾了，所以把三个图层合成一个**15**。
一边按 [Shift]，一边单击选择想要整合的图层。
选择完毕后，再同时按 [Ctrl] + [Shift] + [E] 就
可以合并图层。

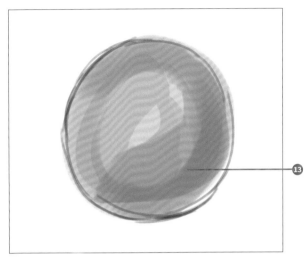

S-Oil

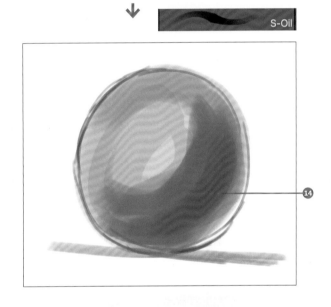

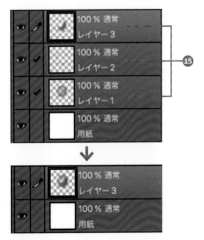

[09] 用晕染笔刷晕染整体

用晕染刷 G-Paper 笔刷（笔刷大小：170px），在球体的轮廓内侧绘制圆状晕染，调整各处的笔触使球面看上去更平滑 ⑯。这时笔触下面的走向也很重要。

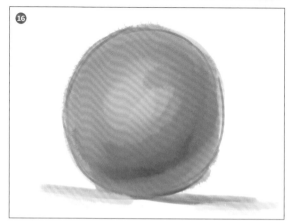

[10] 用擦除笔刷调整轮廓

用 E-S-Oil 笔刷（笔刷大小：150px）擦除调整轮廓 ⑰。与其说是擦除，不如说是调整形状更好。

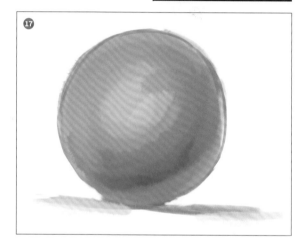

[11] 绘制高光

用 S-Oil 笔刷（笔刷大小：80px，不透明度：80%）绘制高光。注意球体会反射光线，打点状加入白色笔触 ⑱。用 G-Paper 笔刷融合晕染。因为高光是光线反射最强烈的地方，所以多使用白色。

▶Point◀ 擦除笔刷和晕染笔刷的反复

不管绘制什么，基本上都和这个球的画法相同。用擦除笔刷来调整基本笔刷绘制的部分，用晕染笔刷来晕染。擦除笔刷不仅用来擦除，一般还用来调整形状。晕染笔刷和基本笔刷组合使用，先画再晕染，晕染后再画，反复操作。不管什么笔刷，根据压感程度的不同都会带来变化，一边看笔刷一览（p.5），一边试着画比较好。

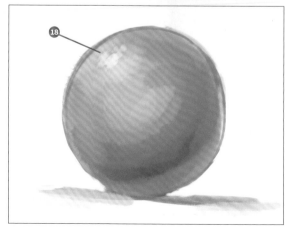

雨后的少女

❶ 轮廓草图

❷ 调整明暗

❸ 背景草图

❹ 上色

❺ 细化

❻ 收尾及调整

 无需用到透视的知识即可绘制背景。本章的教程将主要说明以人物为主的插画，天空和云的画法以及如何体现出人物魅力。这幅图的理念是"让蓝天背景来衬托女孩子的魅力"。因为我非常喜欢骤雨停歇后的清新空气和晴朗的天空，为了表现那样的氛围，气氛构图上设计成女孩子拿着伞，并增加很多水滴。

 2508×3541px

 约 10 小时

绘画过程

01 无需使用透视知识的背景

Scene 1、Scene 2、Scene 3 中选取了无需透视知识也可以描绘的背景。当我们抱着"我想绘制带有背景的人物插画，但是不想去考虑透视之类看上去很难的东西"这种想法时，什么样的背景会符合要求呢？首先从这里开始考虑吧。

无需用到透视知识也能绘制得自然的背景是"天空和云""自然景色""特效"等 。相反，"建筑物和室内""画中人站在地面上" ②等是不适用的。看得到地面的画面是必须用到透视的。因此，不照射地面，稍微提高角度的构图不需要透视知识也能绘制得很自然。

> **Memo** 建筑物和室内是地面的延长
> 建筑物和室内是从地面向上水平垂直建立的，所以要考虑地面的延长。因此透视知识是必要的。

自然物

天空和云

效果

02 决定元素和构图

基于刚才的条件，在 Scene 1 中将膝盖以上的人物加上最简单的"天空"组合成插画。天空会给画面带来广阔感，适合任何角色。这种构图和元素特别推荐给平时只绘制人物，第一次挑战绘制背景的人。

之后会依次说明"绘制人物草图""绘制背景草图""上主色""人物上色""绘制整体""添加各种特效"的方法。

建筑物和室内

画中人站在地面上

03 | 绘制用浅灰色填充的背景

绘制人物插画的背景时，不选用白色背景，而是从明亮的灰色背景开始绘制 。灰色的明亮度可以根据个人喜好决定，但一般来说，插画的完成图越暗，用的灰色越暗；完成图越亮，用的灰色越亮比较好。这里由于背景是明亮的天空，所以选择了明亮的灰色（R209/G209/B209），将厚涂的图层命名为图层"天空"。画面整体的填充可以用"填充"工具，快捷键是 [Alt] + [Backspace]。

▷Point 为什么要用灰色的背景

选择灰色背景的理由是可以减少完成图和脑中印象的色差。不刻画人物的背景时，背景多选用白色（R255/G255/B255）厚涂。白色是最明亮的颜色，白色以外的颜色都比白色暗，所以从明亮度角度来讲，用其他颜色作背景比白色的厚涂确实要暗 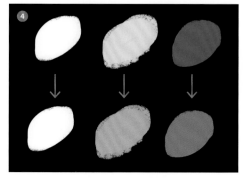。因此，一开始就选择灰色这种稍暗的颜色厚涂，就能减少和完成图之间的色差。

用亮度比较，白色最亮

04 | 绘制人影

新建人物的图层"人影"，用 S-Oil 笔刷（不透明度：70%~90%）绘制人影 。S-Oil 笔刷的绘制感比较轻，可以很顺滑地绘制出线条，所以在草图中经常使用。比起纤细的身体比例和整合性，整体来说更注重动作和走向，以及表现出怎样的场景。这次的图像大小一般用 70px 的笔刷，大胆绘制即可。这个阶段即使拘泥于细节，对后面的阶段也不会有什么影响。所以放宽视野，轻松地落笔是要点。

▷Point 为什么从人影开始绘制

从人影开始绘制的理由是减少与上色时产生的色差。如果在绘制的线条上上色时总觉得有点怪怪的，是因为上色时，线条表示的东西变成了由面（阴影）表示的东西。一开始就绘制人影的话，从草图开始就有面的意识，这样能减少违和感。

05 绘制人物的线稿

图层和笔刷不变，只把绘图颜色变暗，把人影垫在底部绘制线条 ❻。线条完成后，用 E-S-Oil 笔刷（不透明度 70%）沿着线条，调整阴影轮廓。虽然是线条，但也不用特别精细 ❼，同时绘制出阴影比较好。一边绘制线条，一边修正身体的比例、胳膊、腿等重要的点。

> Point 用作橡皮擦的笔刷

E-S-Oil 笔刷，是通过笔刷的合成模式变成擦除功能的 S-Oil 笔刷。可以在橡皮擦的笔刷名字前加"E"。

> Point 用 S-Oil 笔刷绘制简单草图的方法

1. 用大号的 S-Oil 笔刷（不透明度：70%）勾勒出轮廓线。

2. 用 S-Oil 笔刷在轮廓线的内侧填充，颜色比 **1** 中的线条颜色稍暗。这样就能分辨出人影轮廓。

3. 用更暗一点的颜色，绘制眼睛、头发和头的阴影。

4. 用 E-S-Oil 笔刷，调整人影轮廓。缩小笔刷尺寸，在眼睛和头发、轮廓等处加入线条。不要使用纯黑色，只要用比目前为止的颜色更深一点的颜色即可。

06 | 给人物打光

线稿完成后给人物打光**8**。由于想让这幅画中的天空背景比人物更加明亮，所以采用逆光的打光方式。因此这里人物的整体都是暗的。让女孩子好看的要点是，即使逆光，脸的部分也不要太暗。当然现实中是暗的，在绘画中要有善意的谎言。

在最上面新建"正片叠底"模式的图层"阴影"**9**，点击"创建剪贴蒙版"**10**。该状态下用 S-Air 笔刷（不透明度：30%）绘制大概的阴影**11**。绘制阴影的时候要注意光线的方向，这张图是从左上方打光的，所以女生的右下方要加强阴影。在图层的模式上使用"叠底"后，不仅可以用笔刷，也可以用 E-S-Air 笔刷（不透明度：40%）擦除，适当擦除后，也可以简单地绘制出细致的渐变。

按照光线角度大致绘制出受光的区域，在自己对光线的照射方式有一个大致印象后，打光就结束了。打光这步结束后，为了之后的阶段也可以用擦除笔刷调整人物的轮廓，这个正片叠底结合了阴影轮廓图层。

参考 "memo：剪贴蒙版"（p.22）

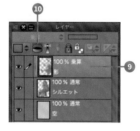

▶Point **什么是打光**

阴影是体现立体感、营造空间的工具。因为是工具，所以要熟练使用。画中的阴影和现实中的不同。最重要的是自己想在哪边落下阴影，就让哪边变暗。为了在预设的位置绘制上阴影，要考虑和它相对的光线方向。这就是打光。

▶Point **体现光的方法**

自己对打光方法有个印象这点是非常重要的。像**12**那样放置强烈的阴影，无视细微的部分绘制整体的阴影也可以。关于绘画中的打光，有的方法是在草图阶段完美设定好的，有的方法则是最初绘制个大概的光和影，收尾过程中再一点点决定细节。模拟画具的话，中途修改比较困难，所以主流做法是在草图时就设定完美。由于数码插画可以反复修改，所以可以边画边修改细节。选择了后续决定细节的办法后，一开始不能决定的部分以及画者的精神负担会比较小，所以推荐这个方法。本书的作品采用了逐步打光的方法来绘制。

07 绘制天空和云的剪影

从这部分开始，将绘制本书主题的背景。首先，用 S-Oil 笔刷（不透明度：80%，笔刷大小：80px）绘制天空和云 13。天空的图层和云的图层新建在人物图层下方。天空图层中绘制上明亮的灰色渐变到较暗的灰色。一般下面明亮，上面较暗。因为天空越高，蓝色越深。

云是为了增加绘画的走向，使人物更突出。基本上人物是从脸到脚的走向。因此，用云的右下到左上的走向 14 来抵消人物右上到左下的走向 15。像这样交叉的动线，会将视线集中在交叉点，图画整体的走向不会单向化。另外，在人物的后面绘制明亮的云 16，突出人物轮廓。这里也暂时忽略细节，重点关注上述云的作用是否有很好的体现，看整体比例是否平衡。从下往上的视角看云时，云的轮廓不是长的一笔，推荐用比较大的笔刷以点画的方法绘制。

参考 "Technique：云的画法"（p.29）

Memo 重视整体的氛围

人们对带有背景的图的初印象一般由整体的氛围决定。创作时，虽然很容易纠结细节，但请稍微忍一忍，先关注整体。使用液晶平板绘图的人，请注意脸不要靠近画面。脸一旦凑近，视野就会变狭窄，很难看到整体。脸一定要保持一定距离，扩大视野，关注整体画面。

> Point 云的作用

画中的云有三个作用。本图中的云起 C 的作用。

A. 主要元素的云
空中的云本身起主要元素的作用。云是主角，所以要花最多精力绘制。

B. 体现纵深的云
通过云的走向诱导视线，让人感受到纵深。必须重视透视的走向绘制。

C. 凸显其他元素的云
为凸显画中其他的元素，可将云绘制得明亮。

08 用天空的主色给整体上色

在最上方新建彩色图层，模式为"叠加"，用天空的主色蓝色填充整体 。人物的阴影也会反射天空的颜色，所以使用同样的蓝色填充阴影。笔刷用的是 S-Air。S-Air 笔刷可以简单地绘制出渐变，容易表现空气感。主色即画面的主要颜色。这里天空的面积比较大，所以用了蓝色，比如草原是大面积的青绿色，那么用青绿色作为主导色比较好。

Point 灵活运用蓝色

刚才的说明中草原用青绿色，可能有人会想，为什么不用绿色要用青绿色。蓝色在画中是比较特别的颜色，为了表现远近感和阴影会经常使用。远处的物体混合蓝色来表现远近感（空气远近法），通过阴影中混合天空的颜色，表现反射天空的颜色 使得阴影更加有魅力。"阴影处没有光线比较冷，所以用冷色蓝色系。"可以记住这点。不管什么情况，阴影中如果混了蓝色就不会不自然，可以让画面色彩显得鲜艳。

Memo 空气远近法

通过表现大气的性质来展现纵深的技巧。地球上远方的物体通常轮廓线模糊，有晕染的感觉。通过混合天空的颜色和光线的颜色来表现。特点是阴影中会有天空的颜色。

Memo 从现实开始表现

阴影会反射天空的颜色。虽然实际看上去不会那么深，但是绘画时为了表现美会夸张一点。画中的表现方法和技巧就是，像这样在实际中发生的现象，为了在画中赋予魅力，大多会夸张处理。当我们看到在人物头发的高光上绘制红色的情况时 ，也是在拍照时发生的色差现象夸张化的产物。

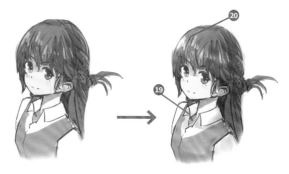

09 | 用固有颜色为人物上色

接着用 S-Air 笔刷从人物的皮肤开始上固有颜色 ㉑。如果担心的话，也可以新增一个新的叠加图层。叠加图层分开的话，就算绘制错了也可以用擦除笔刷进行修改。我习惯了在一张图层上涂色。

从皮肤开始涂色是因为衣服和头发都是在皮肤上的。涂完皮肤后，开始涂头发和衣服的颜色。由于已经通过灰色区分了明暗，所以 T 恤就定白色，夏季背心就定卡其色。㉒是叠加图层变成"一般"模式的图层，可以清楚看到涂了什么颜色。小要点是，人物的刘海部分反而要涂薄一点，表现空气感㉓。

> **Memo** 不要求完美
>
> 灰色的底色上使用叠加模式的图层，填充的方法分成阴影和彩色两部分，这样非常方便。但是不习惯的人可能会容易陷进去，导致在这个阶段就要求完美。这里仅绘制底色，真正涂色要等到这之后的"一般"模式的图层时进行。这里只要涂上大概颜色就可以了。

10 剪切合并后的精细化

将先前创建的叠加模式图层放到人物及背景等一般模式图层上，利用剪贴蒙版再合成图层，使得各个图层着色。这个手法叫作"剪贴合并"。对我而言使用频率很高，所以设置了自动动作方便操作。

剪贴合并，调整图层，新建各个"一般"图层，开始绘制精细化的人物和云。

参考 Technique：云的画法（p.29）

Memo 剪贴蒙版

剪贴蒙版的功能是将基础的下方图层的绘画部分会作为面具来使用。

Point 剪切合并来着色

让叠加图层上绘制的颜色固定到灰色绘制的线条和背景草图的各个图层上，这一操作称为剪贴合并。在想着色的图层上方复制填充了颜色的叠加图层㉕，单击"新建图层"设置为下方图层的剪切蒙版㉖。这样就变成了剪贴蒙版状态。然后，选择叠加图层，按 Ctrl + E ，一个草图的图层上色就固定好了。复制这个图层可反复操作。

Memo 自动功能

记录经常使用的功能和顺序，这样一点击就能直接操作㉗。我个人除了剪贴合并，还储存了缩小尺寸分辨率来适用网站的自动化动作。其中，剪贴合并的使用频率很高，所以设置了专门的快捷键，一键就可以操作。

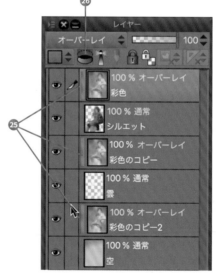

11 注意绘制人物脸的光和影

用 S-Oil 笔刷重点绘制人物的脸。注意光线照射的地方要用明亮的颜色❷⑧，暗的地方要用暗的颜色❷⑨，提高对比度，强调人物的脸和轮廓。尤其眼睛的颜色比较淡的话，人物容易融入背景，不够明显。所以要用较深的颜色，再用高光让人物突出。

▶Point 为什么从脸开始绘制？

脸部是视线最集中的地方，所以从脸开始绘制。从视线集中的部分开始绘制的话，可以最快接近完成稿。人在看画时，总是先看脸、人物、对比度强、明亮的地方。说得极端点，这些部分如果好看整幅画都会好看。

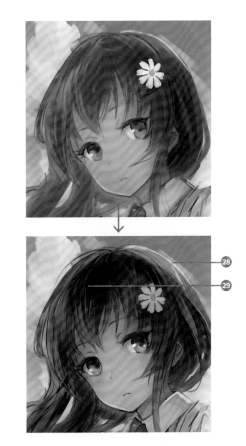

12 调整身体的平衡

画面已经固定了，再次确认身体的平衡❸⓪。新建图层，灰色填充，降低图层的不透明度，这样绘制的整体都会变薄。在此状态下，由上至下开始绘制线条，通过身体的中心线确认各部分的扭转情况，手、脚、腰等，以及姿势是否有不自然的地方。为了让线条明显，这里用了红色。这次稍微调整了腰和脚的位置。这个线条在之后确认身体的平衡时也会使用。

Memo 数码插画什么顺序都可以

像这样确认身体平衡一般在草图时进行，但是数码插画随时都可以。因为不管怎么绘制错误，都可以立即复原。发现有要改的地方就当场调整试试看。不要太拘泥于顺序，试着找出自己顺手的顺序。

13 调整整体的颜色搭配

依次点击菜单"编辑"→"色调补正"→"颜色平衡"来调整整体的颜色搭配。这里想描绘出给人稍微清爽澄澈的印象，所以中间色稍微偏紫色，高光稍微偏蓝。"颜色平衡"可以非常方便地进行色调补正，仅靠滑动滑块，就可以调整各部分中的明暗细节。因为我经常用这个功能，所以设定了 Ctrl + B 的快捷键。

14 描绘天空和人物

用 T-Chalk 刷子绘制天空，稍微加入像纸一样的质感来描绘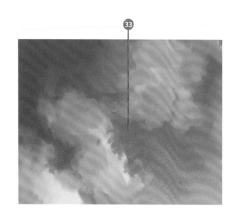。因为有这样的质感的话，画面会一下子变得饱满，所以如果要达到高质量的背景，要分开使用纹理 T 笔刷和光滑的 S 笔刷。这次云的白色部分用了 T 笔刷，云的影子和蓝天的一部分用了 S 笔刷。实际上刻画人物的时候，衣服部分用 T 笔刷，皮肤和头发用 S 笔刷。

15 | 绘制草的剪影

感觉画面整体的颜色有点偏蓝，所以在画面下方加草。另外，画面近处绘制草的话，近景（草）、中景（人物）、远景（天空和云）距离区分得更明确，即使没有做透视的空间效果，也能让人感觉到纵深。

新建绘制草的图层，想象草丛中有相机，从草的剪影开始❸❺。选择边缘很锋利，能够绘制出好看轮廓的 S-Pen 笔刷（不透明度：100%）。原本是想一笔勾勒出好看的轮廓，但这个比较难，所以用 E-S-Pen 笔刷等擦除调整形状。

16 | 把草精细化

草的剪影绘制好后，点击草的图层上的"锁定透明图层"❸❻。打开这个后，可以保持之前已绘制的部分，防止画偏❸❼。这个功能在先勾勒轮廓后涂画细节时也经常会用到，所以必须要记住。

用能带来声音质感的空气笔刷 T-Air 和能一次绘制很多线条的 T-Line 笔刷。要注意草越往下，光线越暗，用 T-Air 笔刷在下方加阴影，用 T-Line 笔刷绘制出草的纹路❸❽。阴影的颜色是加入蓝色的暗绿色。这样就算不那么仔细刻画，只要注意这些细节，也同样会有真实感。

"锁定透明图层"关　　　　　　"锁定透明图层"开

17 用水滴渲染

氛围已经出来了，但是作为插画，缺少冲击感，所以这里开始考虑稍微加点特效。为了一边强化雨后的印象，一边给整体增加华丽感，绘制了大大小小的水滴。

新建水滴用的图层，使用 S-Pen 笔刷，不用描绘得太圆，用按压力调整，从水滴的轮廓开始绘制。

画面中有东西飞溅的情况下，控制疏密感是很重要的。像③那样水滴比较少的部分，以及像⑩那样水滴比较集中的部分。同样，每个水滴的大小也不一样，从特别小的到特别大的都要有④。

> Point 水滴的绘制方法

·小水滴

只要用白点就没问题②。因为小水滴反射光的部分才显眼。这里需要注意的点是，水滴位置的疏密感。要注意密集的部分和没有水滴的部分。

·大水滴

水滴有"透明""反射""镜面"三个性质。大的水滴，不用考虑得太复杂，只要表现各自的特性就行。

透明：可以透过水滴看到对面的性质，由于背景是天空，所以透过水滴可以看到天空的颜色③。

反射：光线全部反射的部分绘制成白色④。靠近光源的位置容易全部反射。加入眩光效果后（p.28），就会闪闪发光。另外周围的风景（这里是云和草）也可能像照镜子那样映入，那些也要刻画⑤。

镜面：水滴会像镜面那样折射光线⑥。一旦注意到这个折射后，就能表现水滴的脆弱感。将折射绘制在水滴的边缘部分，会比较自然。

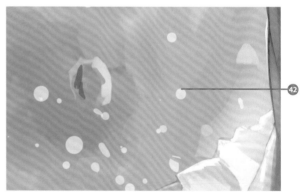

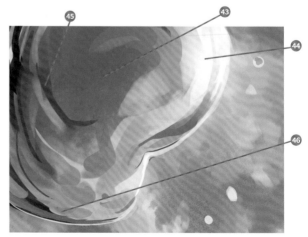

18 一边整体精细化，一边增加细节特效

用 S-Sakuyo 笔刷和 T-Sakuyo 笔刷细化整个画面 47。Sakuyo 笔刷可以为画面添加张弛有度的节奏感，是从人物到背景全都可以使用的万能笔刷。使用这种笔刷，添加草的纹路和包的褶皱等细节部分。接着，在女生头部周围也要加上水滴 48。这样水滴看上去也可能是女生流出的眼泪偶然洒过去的。这种拥有多种可能的表现，可以吸引看者的注意力。

▶Point◀ 所谓渲染力

制作想要的氛围，强调印象，使想要传达的东西简易化，为此存在的小东西就是渲染力。优秀的渲染可以提高魅力，将看者带入画的世界。电影和动画中，不仅有舞台和登场人物的外表，演技和场面的切换、特效、音乐等也是各具不同的渲染力。但是，插画基本不动，也没有音乐。为此，看得见的渲染元素要稍微多一点，这点非常重要。

▶Point◀ 画面中有东西在飞

画面中有东西在飞的渲染是插画演绎的基本之一。这次是让水滴飞起来。水滴是透明闪耀的，带来清爽感和透明感。其他元素，如烟花、草等也很常用 49 和 50。可以表现出画面的华丽、悲惨、风的氛围走向。其中烟花会在 Scene 2 中介绍。

飞溅的火星

风中飞舞的草

> **Memo** 渲染的灵感
>
> 渲染元素的灵感存在于动画、电影、游戏、漫画等所有作品中。如果有喜欢的元素，积极地加入自己的作品中即可。顺便一提，动画和电影的画面会直到那个场景中想要传递的东西表达完为止，所以可以说是渲染力的教科书。

19 将水滴精细化

利用光效，体现雨后的清爽氛围。在最上面新建"线性（发光）"模式的图层，用 S-Air 笔刷绘制特效来强调反射。主要添加光效的地方是像  中所示，从右上方反射光，所以集中在右侧。不仅会用"线性（发光）"模式的图层调明亮，也会用"叠底"模式的图层增加暗的效果。

> **Point** 渲染特效

实际上像 ❺❷ 所示，眼睛的高光、眼睛里的光、水滴等也加了发光效果。像这样在本来不可能的地方加入光和影就被称作"渲染特效"。像刚才解释的那样，比在正确的物理位置上增加特效更重要的是让人一目了然的魅力。

> **Point** 眩光效果

强调水滴和头发的反射的特效被称作"眩光特效"。所谓眩光，就是靠近光源，会有眩晕感以及光线强烈反射的眩晕状态。举一个身边的例子，晚上迎面开来的车的灯就是。这是在绘制收尾阶段常使用的技巧。可以让人感受到光，提高真实感。

20 特效的基础上开始收尾

通常，特效都是在收尾阶段进行。有时候特效会导致画面过于光滑，导致画会有廉价感。如果想要完成度更高，更用心的插画通常会在特效图层的上面新建图层，用 S-Sakuyo、S-Oil、T-Sakuyo 笔刷等增加画面的质感。像 ❺❸ 那样在笔刷痕迹比较轻的部分和脸的周围、眼睛等地方细细刻画，然后就完成了。

云的画法

现实中有时候空中会没有云，绘画时一般都会绘制云。那是因为，只有蓝天的话画面很空，画作会不耐看。云的作用很多，比如让人感到纵深、烘托氛围等。这部分介绍天空和云的画法。

 绘制云的基础画法

[01] 绘制渐变和锯状的引导线

新建天空的图层，用 S-Oil 笔刷绘制灰色的渐变。上部暗，越往下越亮❶。一开始从彩色绘制也可以，不习惯的话从灰色开始绘制比较不容易出错。

接着再新建一个图层，用红色等显眼的颜色绘画折线❷。这个线是安排云的引导线。越往远处的天空，折线的间隔越大❸，近处的折线则要越小❹。如果可以的话，尽量不要绘制得一致，体现出舞动的感觉吧。

[02] 绘制云的剪影

新建云的图层，沿着折线，用 S-Oil 笔刷绘制云。云的笔迹要有所倾斜，打大大的点，即要点❺。要注意越远的线越接近平行❻。绘制完云的剪影后删掉引导线的图层。

云的笔迹

[03] 用剪切合并着色

在最上面新建"叠加"模式的图层涂色。用稍微沉稳的、饱和度较低的蓝色比较好。这里使用（R50/G104/B164）。因为用灰色绘制了底色，所以这里只要涂上蓝色就会变成自然的天空⑦。一开始就用彩色直接绘制的画者，就跳过这个阶段。涂完色后，剪切合并天空图层和云图层。

参考 Point：用剪切合并着色（p.22）

剪切合并

[04] 绘制阴影

新建图层，在云的轮廓旁边绘制阴影。颜色的话，用吸管工具在像⑧中所示的地方取色。这里也可以用 S-Oil 笔刷，使用略带倾斜的点按画法。

阴影部分用蓝色表示

[05] 用笔刷精细化

新建图层，用 U-Cloud 笔刷给云的轮廓带来朦胧感⑨。但是，只用 U-Cloud 笔刷会消除层次感，所以在想要锋利的边缘用 S-Oil 笔刷⑩，相反想要朦胧感时，用 G-Paper 等笔刷⑪。

U-Colud 刷子描绘的部分用红色表示

积雨云（夏天的云、云海）的画法

这是日本的夏天以及壮丽的风景时经常会描绘的云。笔触大体上和基本的云的画法一样。

[01] 绘制渐变和云的剪影

新建天空的图层，用 S-Oil 笔刷，绘制灰色的渐变⑫。天空上部暗，越往下越明亮。
接着新建云的图层，用 S-Oil 笔刷绘制云。云的笔迹和普通的云一样，稍微倾斜，用大大的点绘制，这是要点⑬。
稍微加一点横着的笔迹，这样会有重点⑭。

云的笔迹

[02] 用剪切合并着色

在最上面新建叠加模式的图层涂色。用比较沉稳、饱和度低的蓝色比较好。这里使用（R50/G104/B164）。因为已经用灰色绘制了底色，所以这里只要涂上蓝色就会变成自然的天空⑮。一开始就用彩色绘制的画者就跳过这一步。涂完色后，剪切合并天空图层和云图层。

剪切合并

[03] 绘制阴影

新建图层，在云的剪影旁边绘制阴影。颜色的话，用吸管工具在像⑯中所示的地方取色。这里注意用略带倾斜的点按画法，大大的点。云的上部分是倾斜的⑰，下面是横着的直线⑱，这点非常重要。笔触要注意走向。

阴影部分

[04] 用笔刷精细化

新建图层，用 U-Cloud 笔刷给云的剪影带来朦胧感⑲。但是，只用 U-Cloud 笔刷会削弱层次感，所以在云的上部分等想要绘制出锋利的边缘用 S-Oil 笔刷⑳，相反想要绘制出朦胧感时，用 G-Paper 等笔刷㉑。

进一步描绘的部分

樱花飞舞的街道

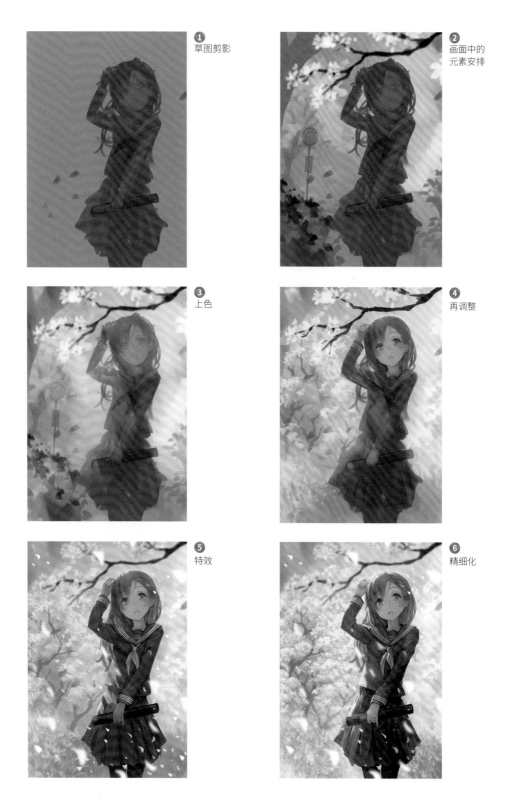

1 草图剪影

2 画面中的
元素安排

3 上色

4 再调整

5 特效

6 精细化

Scene 2 中的背景也没有用到透视。人物是刚刚参加完毕业典礼的学生。手中
拿着毕业证书的封筒。画面希望通过强调背景的樱花来表现春天以及学生的可
爱。另外，这部分也将详细解说笔刷使用的要点。

　2508×3541px

　约 6 小时

Making

绘画过程

01 绘制人物的草图

在用灰色（R168/G168/B168）填充的图层上面新建图层，用 S-Oil 笔刷绘制人物的草图。之所以用比 Scene 1 中更暗的灰色填充是因为画面中的物体有很多，整体会比较暗。由于不使用透视，所以这里只绘制到女生膝上的部分。因为女生不是画面的中心，所以稍微右移一点①。这是为了在画面中加动作。一般来讲，有背景的画作中，画面的中央都不是人物。

花瓣的轮廓也轻轻散开。这种特效一般在收尾阶段追加，一开始有想法的话，就想象完成时的样子表现出来即可。这幅画最初想绘制的就是"结束毕业典礼的女生"。通常毕业典礼在每年 3 月举行，说到 3 月就是春天。为了让人感觉到春天的到来，所以选择了绘制樱花。如果不知道背景元素应该选什么，就像这样做思维联想游戏即可。

02 绘制樱花枝干的草图

新建图层，在人物的前景绘制樱花枝干②。像 Scene 1 中在人物的前景绘制草一样，是为了通过在前景增加元素来表现画面中的距离感。

用 S-Sakuyo 笔刷绘制樱花的树枝。S-Sakuyo笔刷的尖端部分可以通过压感来改变所绘制的树枝的粗细。树枝的根部和分叉的枝节部分要下笔力度重一点，越到枝头下笔的力气越小。

▶Point 优先共情

最近毕业典礼的时间有时比较早，典礼当天樱花还没有全开。但是在日本，很多人对毕业典礼的印象就是满天樱花飞舞，如果将这种印象来画插画，那就容易获得共鸣。这点在电影和动画等所有作品都通用，适当地无视真实情景下会有的元素，而加入与看者有同感的元素，就容易让情感共通。

2

櫻花飞舞的街道

35

03 绘制樱花的草图

接着绘制樱花❸。新建图层，用 S-Oil 笔刷，加重压感，打出略有重合的点状笔迹，就能表现花瓣成块的剪影。每一个点就是花瓣。复制花瓣和树枝的图层，归类到图层文件夹，设置成隐藏。点击图层面板中的❹，"眼睛"的图标就没了，图层就看不见了。这里归纳到图层文件的图层是备份，之后想要还原的时候就用这个备份还原。

参考 Technique：各种各样花的画法（p.51）

> **Memo** 制作备份
>
> 复制图层并隐藏，即使是难以撤销的操作，也能通过这个立即复原，这个就是备份。合并图层加上晕染过滤后就不能还原，所以在这一步之前要做备份。

04 晕染樱花的花瓣和树枝

把复制前的花瓣和树枝的图层合并为一层。之后进入菜单，依次选择"滤镜"→"模糊"→"高斯模糊"，像❺那样模糊花和树枝。高斯模糊的选项可以像❻那样，通过拖动调整模糊范围。

> **Point** 表现照相机的背景模糊
>
> 这里画中的模糊是为了表现没有对准照相机焦点。大家在用照相机拍写真时，想必有时候会发现相机和物体离得太近无法对焦的情况。将这个无法对焦的表现运用到绘画中，会让插画变得像电影的截图一般具有临场感。表现模糊的选项有几种，其中由于高斯模糊可以通过拖动调整模糊范围，所以用来表现相机的背景模糊时非常方便。

05 追加背景元素

使用 S-Oil 笔刷画人物的背景 。如果不习惯的话，无论如何都会在意质感和细节，但这个阶段最重要的是剪影轮廓。每个元素要放在不同的图层上。不要太在意细节，画草图时尽量不要放大画。

Point 用S-Oil笔刷画植物草图的画法

1. 为了更快画出植物的形态，从叶子的剪影开始画。S-Oil 笔刷用 70% 不透明度，这点很重要。每片叶子一笔画成。

2. 和上一步一样，多次画剪影的同时，注意植物整体的剪影，这就是植物的轮廓。通过降低不透明度重叠笔迹，可以和❸一样，表现叶子的影子和叶片缝隙中暗的部分。

3. 为植物的内部涂色。使用之字形的笔法一笔上色，全面涂抹。倾斜的笔迹是重点。之所以加入倾斜的笔迹，是为了简单表现光线照射下的影子。这里从右上到左下加入了笔迹，是由于光线从右上照射的设定。

4. 在❾所示的地方用"吸管"工具取色，在内侧增加叶子的笔迹。草图中这个程度就可以了。

06 叠加，给光线上色

新建叠加模式的图层，用 S-Oil 笔刷（不透明度：70%）绘制树缝中洒落的阳光。使用接近红色的黄色。这是为了体现出春天的温暖。放大笔刷，像⑩那样，注意光的照射方向，大胆地落笔。

07 叠加，给阴影上色

再新建一个叠加模式的图层，用蓝色画阴影。在没有绘制阳光的间隙中填满阴影并上色，这样就比较自然⑪。笔刷使用 S-Oil。这个阶段不用太考虑草和女生的固有色。比如，如果因为女生的头发是棕色的，中途就去涂头发的颜色⑫，会破坏柔和的氛围。

08 上固有色

新建叠加图层涂固有色，像⑬那样落笔。光和影的笔迹方向要相同，这样可以维持目前的场景氛围，并让颜色鲜亮。固有色的要点是从光和影的颜色——接近黄色和蓝色的颜色开始涂。比如女生的肤色、藏青的水手服、青绿色的树叶影子等。上色后最终变成⑭。

> **Point 固有色会变化**
>
> 番茄的颜色一般是红色，但在绘画时并非都要用红色绘制。比如像⑮那样，如果有阴影，那就用红色＋蓝色，变成紫色；太阳照射的话那就是红色＋黄色，变成橙色。一般用光和影的颜色混合后的颜色。影子比较冷，用冷青色；光比较温暖，用暖黄色，这点请大家记住。

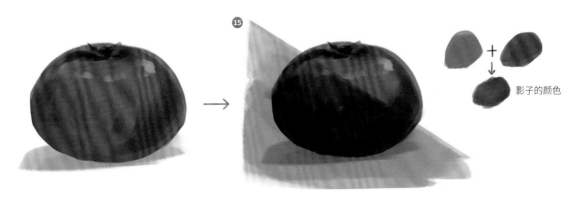

影子的颜色

09 人物中加入线条笔触

新建图层，用 S-Sakuyo 笔刷（笔刷大小：3px，不透明度：70%）像⓰那样加入线条笔迹。线条的颜色是用吸管工具从女生西服的影子部分取色。通过使用画布中已经有的颜色，可以将线条融合进画面的氛围中。

> **Memo　线条笔迹**
>
> 如果用厚涂背景的画法来绘制人物，会很难绘制出日式动画风格的可爱女生。因此，使用细笔刷勾勒出人物的主要线条。不仅仅是重叠涂，而是加入素描时的线条，这样可以节省专门绘制一遍人物线稿的时间。

10 绘制阴影增加对比度

这样地绘制，会留下整体模糊的感觉，所以像⓱那样，用 S-Sakuyo 笔刷（不透明度：60%）绘制出锋利的影子，提高对比度。阴影用绘制线条时相同的颜色，在同一图层上绘制。因为仅仅是把绘制线条时用的 S-Sakuyo 笔刷放大了尺寸，所以与其说是影子，不如说是线条的加长。这是可以不用来回切换笔刷和图层从而缩短时间的小技巧。

11 画杜鹃的打底

用 T-Sakuyo 笔刷，画杜鹃的打底。首先用打点的方式，重叠笔迹，画花瓣的打底和红色的中间色，来表现花的轮廓。这里最重要的是，不要画得太仔细，也不要多次重复画。自然景物一般都不是一模一样的。即使是同样的花，看上去每一个也有微妙的差异。自然景物的要点就是适度适当。

用"吸管"工具提取 ❶❽ 的颜色，同时用 T-Sakuyo 笔刷，像 ❶❾ 那样画叶子的剪影。画打底的时候，如果使用画布上已经有的颜色，笔迹就会融入周围，并且速度也会很快，所以推荐这样做。

▶Point◀ 叶子的笔迹

叶子的笔迹和花的笔迹很像，像 ❷⓿ 那样，笔尖在画到叶子尖端的部位稍微加点弧度，一笔画成，这样叶子的剪影轮廓就出来了。

❷⓿

叶子笔触举例

❶❽　❶❾

12 绘制樱花的打底

和杜鹃等一样，用"吸管"工具在画布上取色，同时用 T-Sakuyo 笔刷画樱花的打底。图层切换成 05 步骤中樱花树的深色部分。

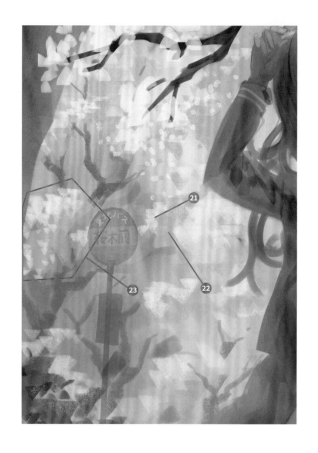

> Point 绘制樱花树的三个要点

·光照射下的花是白色，影子是粉色

一般的樱花是粉色，像❷那样光照射部分是白色，❷那样阴影部分是粉色。

·一开始绘制块状的花

樱花通常是小小的花重叠在一起。一开始像❷那样用块状分解花，不用表现细节部分。如果一开始就画细节，樱花容易单调。

·树枝和树干的画法相同

树枝和树干的画法基本相同。建议大家意识到树干是放大版的树枝。画树干的时候，建议把树木整体都画出来，前端树枝的扩散方向是椭圆形的，这样轮廓就比较好看❷。

❷

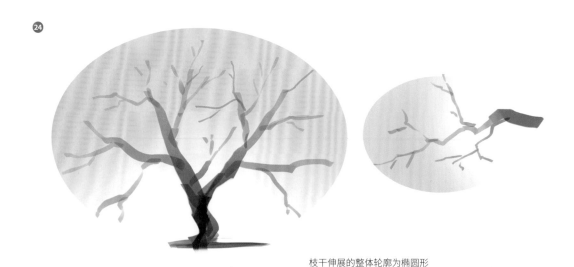

枝干伸展的整体轮廓为椭圆形

13 停笔

暂时停笔，三天不看画。这是为了让眼睛休息一下，能更客观地审视作品。我称之为让画休息。三天后再看，视线就会被画面中过多的元素分散，看到多余的、可以删改的部分㉕。因此，隐藏杜鹃花和树干的图层，取舍画面的要素㉖。

Memo 不要忘记绘画的目的

为了创作出有魅力的作品，时常注意绘画的目的是很重要的。这个目的是"在春天氛围的背景中展现女生的魅力"。最重要的不是花、树，而是展现女孩子的魅力。沉浸在画画中时不要忘了最初的目的。

→

14 试错

用 S-Oil 笔刷绘制蓝天㉗。这样一来，光线的温暖氛围就没有了。经常犯的错误是天空并非总是蓝的。比如，可以尝试在晴天的时候，从阴暗的房间内拍摄外面的情景，天空应该会一下子变亮，绘画也是同样的道理。从暗的地方望向明亮的地方，就会由于过于明亮而难以看清。这幅画是从树荫角度来看的，所以会有同样的问题。

最终去掉了左边的公交站牌。公交站牌是画面内唯一的人造物，虽然集中了视线，但没有相应的价值和作用。

Memo 适度添加要素

带有背景的插画，画面内的元素越丰富，画面看上去品质越好。某种程度而言这是对的，但要素越多，绘制时需要下的功夫越多，占用空间越多，会抹杀空间的纵深感，分散视线，反而带来负面效果。这个要素真的需要吗？要客观地看待画作。

15 调整肤色

用"套索"工具像❷那样选择脸，进入菜单的"编辑"→"色调修正"→"色平衡"，调整脸的颜色。这里注意樱花的反射光，强化红色，注意整体都是剪影，强化了蓝色。可以选择的颜色有很多，像图中这样可以让头发色彩清透，看到肤色。

16 锐化

用 S-Sakuyo 笔刷和 S-Pen 笔刷仔细刻画女生。给模糊的打底进行锐化。这一步不再是很随意地画整体，而是细化瞳孔和头发❷，制服的线条等❸局部元素。制服的线条在新建的图层上用 S-Pen 笔刷（不透明度：100%）画。

17 散落花瓣

新建图层，用 S-Sakuyo 笔刷绘制飞舞的花瓣。花瓣的画法基本和叶子的笔迹相同（p.41）。花瓣从各种角度落下来，所以注意画的时候剪影轮廓不要画成一模一样的。另外，像 ③① 那样稀疏的部分，和 ③② 那样密集的部分，要有所区分。③② 的部分很密集的原因是女生的短裙和背景比较暗。

接着，再新建一个图层，这次画很多大的花瓣 ③③。因为大的花瓣是飘在离镜头近的地方，所以画面的纵深感就被衬托了出来。

18 晕染大花瓣

选择大花瓣的图层，进入"菜单"→"文件夹"→"滤镜"→"高斯模糊"，进行模糊 ③④。高斯模糊可以通过拖动来调整模糊范围 ③⑤，这就是拍摄动态物体时照片变模糊的再现。这个现象叫作动态模糊。在画中加入动态模糊，可以展现出随时动起来的临场感。

19 绘制樱花

用 S-Oil 笔刷和 T-Sakuyo 笔刷画背景的樱
花。颜色基本上从目前现有打底中取色。樱
花有着密密的花瓣，如果打算全部画出来，
那会花很多时间。并且可能会因为密度太高
导致体现不出纵深感。因此，用尽量少的笔
触绘制花瓣是比较理想的。

比较 36 和 37。36 是细的笔迹，相对的 37 基本
都是粉色打底。樱花细节化的要点是光线照
射的地方是白色的、细细的，阴影则加入调
整打底的倾斜笔迹。

> **Point** 植物的影子是斜的

斜的笔触不仅限于樱花，是所有植物都可以
用的技巧 38 39。这种笔触可以清楚地表现从
花和叶子缝隙中穿过的阳光的走向，主要用
于影子部分。要点是和光的照射方向相同，
这种笔触可以说是绘制植物的奥义。

20 绘制油菜花

用 S-Oil 笔刷和 T-Sakuyo 笔刷绘制油菜花。
花的颜色选用明度高的黄色。油菜花的轮廓特
征非常鲜明，长长的根茎，顶端处有密密的小
花，所以要注意剪影，加入笔触，可以比较轻
松地画画 ④。决定花的种类后，在画的时候必
须要一边参考资料一边画。参考照片资料的时
候有要注意的地方，具体请参考 Point：照片
资料的使用方法（p.183）。另外，画花时具
体的笔触会在"Technique：各种各样花的
画法（p.28）"中解说。

▶Point 饱和度由面积决定
涂大面积的东西时饱和度低，小面积的东
西时饱和度高，这样会产生自然感。比如，
Scene 2 中，樱花的饱和度低，油菜花的
饱和度高。这是因为对于整体来讲，樱花
的面积比较大，相反油菜花的面积比较小。

21 画显眼的花

当画面完成一定程度后，像 ④那样加强笔
迹绘制几束显眼的花。这是为了强化油菜
花给看者带来的印象。如果显眼的花太多
的话会分散视线，所以只要几个就行。要
点是在最具有油菜花特色的剪影部分加入
笔触。像画花这样成群的元素时，通过颜
色和轮廓来表现基础氛围感，再选几个来
特别强调，这样短时间内就能给看者留下
花的印象。

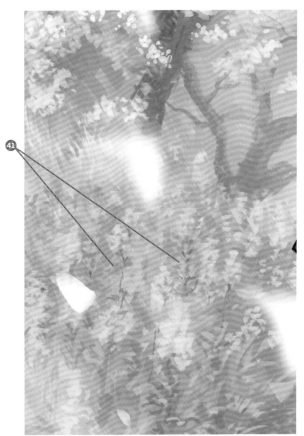

22 加入高光

由于人物是在发呆，所以为了缓解这种散漫呆板的感觉，用 S-Oil 笔刷、S-Pen 笔刷、G-S-Oil 笔刷，在像 42 所示的地方加入锐化的高光。

因为已经晕染出了春天温暖的阳光氛围，所以高光的颜色用白色和与白色相近的黄色。首先像 43 那样，用显眼的白色来绘制，在旁边用和白色相近的黄色来绘制 44。用 G-S-Oil 笔刷涂抹后，就能变成像太阳光那样闪耀的高光。

避免这个高光不自然的要点是，提高人物的实在感，让看者的视线集中在人脸等希望强调的部分。因此，一般没有高光的眼周和脸的轮廓 45 等也会稍微加入一点。

加入高光，试着把整体细节化。新建"线性"模式的图层，在人物和对比度不强的部分 46，用放大的 S-Air 笔刷，做出眩光效果（p.47），这样就完成了。

> **Point** 高光中混合颜色

由于高光最能反射光线的点，所以多使用白色，在旁边增加和白色相近的黄色及橘色等暖色并混合，可以表现光照的温暖。如果是冷光场景，在白色旁边加入和白色相近的蓝色和绿色可以表现冷感。

Technique

花的画法

草丛中长着许多花是背景的惯例。这里不局限于特定的品类，只介绍群开的花的画法。

[01] 画绿色的底色

新建图层，用 S-Oil 笔刷（不透明度：70%），画花丛下的绿色。如果是光线从右上方照射的设定，要点是从右上到左下，重复短短的笔迹，做出明暗的缓急❶。由于是基础的绿色，所以一般选择色环中央❷的颜色。

[02] 绘制花和影

新建图层，用 T-Sakuyo 笔刷（不透明度：80%）绘制花❸。花的笔迹是随意的点，要注意花的大小不能一样。

绘制了花之后，在绿色基础的图层上用同一个笔刷绘制花的影子。由于光线是从右上照射的，所以花的笔迹向左下斜着打点，加入影子的笔迹。影子不是单纯地把背景的颜色调暗，而是稍微加入蓝色系的颜色。

[03] 绘制花瓣的影子

在绘制了花的图层上，用 S-Sakuyo 笔刷绘制花瓣的影子❹。花瓣从根部开始向上伸展，简单地看来就是接近圆锥形。因此绘制上圆锥形阴影就可以❺。在这里也先不用考虑单独一朵花的情况。

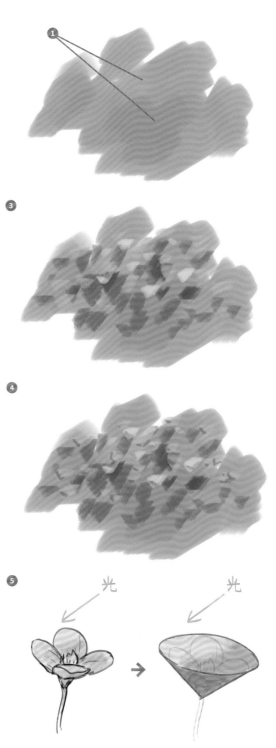

想象成圆锥形的影子

2

樱花飞舞的街道

49

[04] 调整花的剪影轮廓

新建图层,用吸管工具在绿的阴影色部分取色,来调整花的轮廓 ❻。同时,用 S-Sakuyo 笔刷打点状,细细地加入影子色的笔迹,来表现叶片的阴影部分。

❻

[05] 绘制花的花蕊和茎

大部分的花在中央部分颜色都会变深、变亮。注意这个特征,用 T-Sakuyo 笔刷在花的中央加入浓郁的颜色 ❼。接着,用"吸管"工具在底色的绿色中取色,绘制花下面的茎。只要这样,就会增加植物的真实感。最重要的是要随意地落笔。由于现实中花丛给人的印象就是如此,所以如果太小心翼翼地绘制反而会失去自然感。

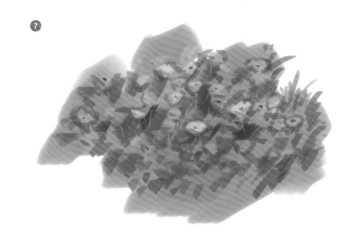

❼

[06] 重复步骤

用 S-Sakuyo 笔刷和 S-Pen 笔刷,重复 02~05 的步骤 ❽。叶子和叶子间的缝隙用更暗的颜色填充,提高对比度,用 S-Pen 笔刷等在不起眼的叶子和花上涂上饱和度高的颜色并加上高光,反复操作。这样一来就减少了呆滞感,让花丛变得鲜活。

❽

各种各样花的画法

运用了Technique：花的画法 (p.41) 中介绍的方法的话，就可以描绘各种各样的花。

● 油菜花

1

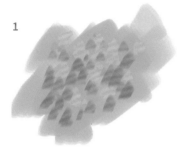

用 S-Oil 笔刷绘制草的底色、影和花。注意光源的朝向，影子是斜的。

● 喇叭花

1

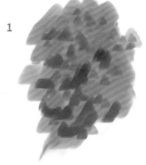

用 S-Oil 笔刷绘制叶子的底色、影和花。注意刻画出漂亮的圆形的花和斜着看像喇叭的花的轮廓。

● 向日葵

1

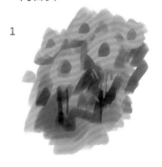

注意这种花不是小的花瓣，花的轮廓整体是圆形。

2

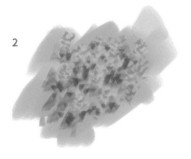

用 T-Sakuyo 笔刷绘制叶子，调整花的轮廓。

2

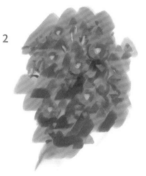

一边调整花的轮廓，一边在花的中央加入白色。

2

用 T-Sakuyo 笔刷，用稍微明亮的黄色刻画花瓣，注意光的方向，这样花就会更立体。

3

用 T-Sakuyo 笔刷绘制花和叶。尤其是花的部分加入细细的笔触，能够表现小小的花朵聚在一起。

3

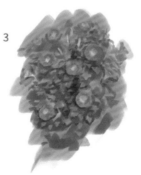

喇叭花的中心是凹的，暗暗的，所以要点是打上阴影带来立体感。

3

一边绘制叶子，一边擦去花的轮廓，表现花瓣齿轮状的轮廓。

● 绣球花

1

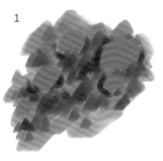

用 S-Oil 笔刷绘制花和叶子的底色，注意先不刻画花的细节，只描绘轮廓。

2

给花加上影子，表现出花团整体的轮廓。

3

用 T-Sakuyo 笔刷打点，表现小花朵聚集成为一整团的样子。

● 樱花

1

用 S-Oil 笔刷大概表现出樱花盛开时的整体轮廓。

2

花被光照射的部分用白色，要点是树枝藏在花里的样子。

3

用 T-Sakuyo 笔刷打点样绘制细细的花。详情见 p.41。

● 杜鹃花

1

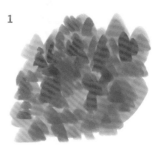

用 S-Oil 笔刷打出花、影和叶子的底色。杜鹃花非常柔和密集，因此不需要一朵一朵小心地描绘轮廓，真实感就出来了。

2

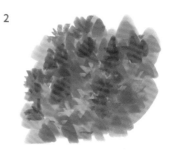

调整花朵的轮廓，注意花瓣是 5 瓣。

3

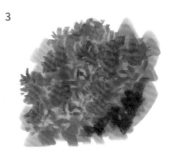

杜鹃的树丛比较大，光线照不到的地方特别暗。因此，在叶子和花的缝隙中调暗一点就会比较真实。

魔法属性的特效

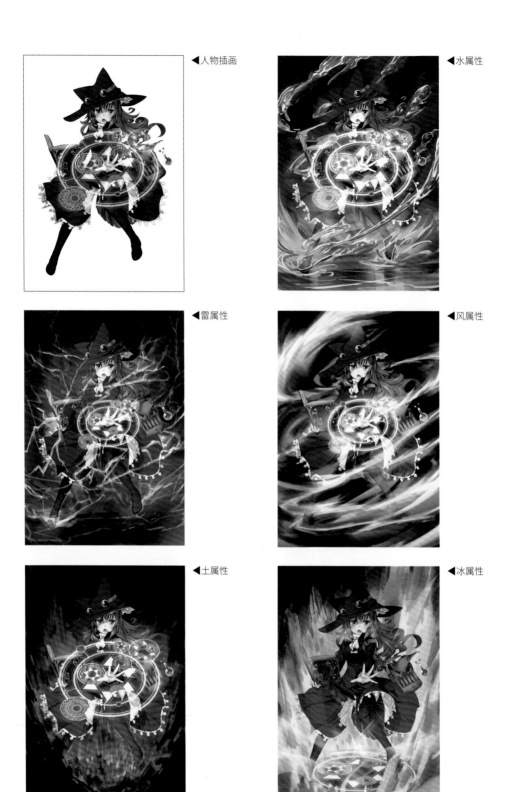

◀人物插画

◀水属性

◀雷属性

◀风属性

◀土属性

◀冰属性

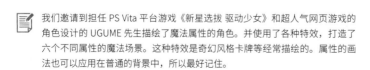

我们邀请到担任 PS Vita 平台游戏《新星选拔 驱动少女》和超人气网页游戏的角色设计的 UGUME 先生描绘了魔法属性的角色。并使用了各种特效，打造了六个不同属性的魔法场景。这种特效是奇幻风格卡牌等经常描绘的。属性的画法也可以应用在普通的背景中，所以最好记住。

2508×3541px

约 30 分钟一张
仅特效部分

火属性的画法

01 调暗背景

魔法阵的图层组暂时隐藏起来，角色的背后用暗灰色（R33/G33/B33）填充❶。背景暗的话，火的光就能映照出来。基本上以特效为主的背景的底色都比较暗。这个阶段为了绘制起来方便，隐藏了魔法阵。

02 绘制火的打底

用 S-Oil 笔刷（不透明度：70%），中间用橘色绘制火的打底。这个阶段不用在意细节，只要像❷那样描绘出大概的走势就行。以女生为中心，火的力量在周围扩散，只要注意这点就会变得很好绘制。
接着像❸那样用 G-Paper 笔刷（不透明度：60%）晕染背景的暗部分和明部分的界限。G-Paper 笔刷是晕染笔刷，可以表现纸上渗透颜料的感觉，所以可以简单地绘制出火的感觉。

03 改变角色的颜色

一边按住 Ctrl 一边点击角色图层的缩略图，就进入到选择角色轮廓的状态。选中的部分像❹那样被点线围起来。这个状态下进入菜单"图层"→"新建色调修正图层"→"色平衡"，新建色平衡的色调修正图层。色平衡窗口中❺，通过拖动来调整火中的颜色，这里，强调了红色和黄色❻。

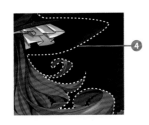

04 改变魔方阵的颜色

显示隐藏起来的魔方阵的图层组。选择能让图层组中的魔方阵发光的"效果2"❼，依次点击"编辑"→"色调修正"→"配色明度饱和度"，来改变色调❽。

可以通过拖动来改变颜色，这次统一调成火的橘色❾。

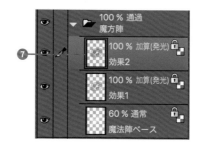

05 给整体增加发光效果

新建线性模式的图层，用 S-Air 笔刷（不透明度：70%）表现火焰的光辉❿。⓫是让发光效果的地方看得更清楚。不是给整体加入统一的笔迹，而是以想凸显的地方为中心不均匀地绘制。另外，如果用力过猛就会变成闪闪发光的画面，所以要点是要随意描绘。

06 加入手绘笔迹

新建一般模式的图层，用 T-Sakuyo 笔刷、G-Finger 笔刷增加笔触。G-Finger 笔刷可以像⓬那样，表现用指尖抹开颜料的感觉，在火的绘画上经常用到。不仅要在合成模式变成线性的图层中加上发光效果，也要在一般模式的图层上从火焰顶端开始增加手绘笔迹，这样真实感就比较高。

手绘火焰的要点是灵动感。要注意火苗的走向。尤其像⓭那样，同一个方向的曲线走向较为单一，可以描绘大小不一，带有动感的火苗，让看者不会产生视觉疲劳⓮。

水属性的画法

01 调暗背景的底色

角色的后面用稍微带点蓝色的灰色（R47/G66/B66）填充。水元素能让背景明亮，展现清爽的透明感。这次要刻画令人印象深刻的水魔法，所以调暗背景的底色，营造能突出水魔法特点的氛围❶。

02 绘制水的打底

用 S-Oil 笔刷（不透明度：70%）绘制水的底色。颜色使用蓝色的中间色。笔刷稍微放大，像❷那样一边注意线条的走向，一边快速动笔。与其说是水珠浮起来，不如说是水流涌向空中。

03 表现水的透明感

在这里，用 p.56 中说明的手法将魔法阵的颜色变为蓝色，用更容易想象到完成时的样子来表现。为了呈现出水魔法产生的效果，新建线性模式的图层，用 S-Air 笔刷（不透明度：30%）在水的打底上描绘有魔法感的光❸。

接着，用"吸管"工具在背景部分的颜色处取色，在水的底色上像❹那样加入。这样就可以表现水的透明特性。

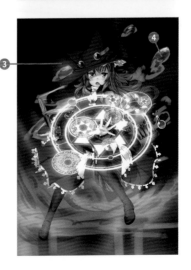

3 魔法属性的特效

04 在角色上绘制水的底色

目前为止都是在角色的背后绘制水，这里开始在角色的前面绘制水。在最上面新建图层，用 S-Pen 笔刷（不透明度：90%~100%）和 G-Finger 笔刷（不透明度：100%）绘制水的打底❺。角色图层的前面加特效是为了给特效赋予立体感。这里主要使用白色，这是因为反射的高光是白色。这个阶段说到底是水的底色，所以请注意画面的整体，做出绘制的走向。

05 调整颜色、表现水的透明感

在图层的最上面，从菜单进入"图层"→"新建色调修正图层"→"色彩平衡"，新建色平衡的色调修正图层。在这个色调修正图层上像❻那样设定，主要的高光部分色调调成偏蓝色。这样就会带来魔法感。

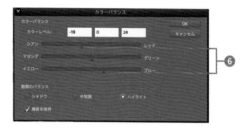

接着像❼那样，在水的底色上绘制背景的颜色。手法和❹一样，用锋利的笔触来呈现质感，主要使用 S-Pen 笔刷，偶尔使用 G-Finger 笔刷晕染。

06 细化水

用 S-Pen 笔刷和 G-Finger 笔刷刻画水❽。水由于表面张力变得圆润，特性是在流动过程中会有气势以及变得锋利，S-Pen 笔刷可以简单地表现出这两种特性❾。再者，G-Finger 笔刷可以表现延展颜料的渐变感，所以用圆形笔刷来晕染水珠的透明部分，这样就可以更好地表现出水透明的质感❿。

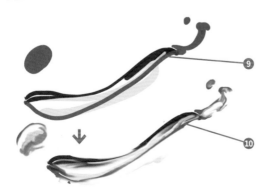

雷属性的画法

01 用黄色打底

背景用比较暗的灰色填充，用 S-Oil 笔刷（不透明度：80%）绘制特效的底。颜色用稍微带有橘调的黄色（R193/G162/B18）。这个黄色是为了使特效不单调而富有变化。比起用同一种蓝色，稍微加点别的颜色，特效会有变化、更好看。像❶那样，女生站立的地方开始散发能量，笔刷应竖着描绘。

02 调暗背景绘制雷的走向

用 S-Oil 笔刷（不透明度：60%），加入竖着的笔触，调暗背景。要点是动向应像❷那样，用和❶相反的方向来绘制（R50/G61/B73）。这里的要点是粗糙一点，黄色部分全部隐藏起来。隐隐约约透着点黄色就行。调暗到一定程度后，用 G-Finger 笔刷粗糙地晕染，这样就能表现雷电❸。雷电的颜色是用"吸管"工具在❹那样稍微明亮的颜色中提取。

03 色调修正缩小魔方阵

用色平衡调整角色和魔方阵的颜色，变成带有蓝色的颜色。方法和 p.55 中说明的一样。
接着把魔方阵缩小到原来的一半❺，把这个严密的魔方阵和雷电等在空中细细延伸的特效合在一起后，画面信息量会变得特别多。

04 用白色绘制雷电的打底

在角色的上面新建线性模式的图层，用白色 T-Sakuyo 笔刷（不透明度：70%）来绘制雷电的打底。T-Sakuyo 笔刷能绘制出比较锋利并有电流感的线条。用 S-Pen 笔刷也可以。比起漂亮的线条，有质感的线条更加能够丰富画面，营造有氛围的背景。

另外，这个阶段由于是打底，所以不用刻画得太仔细。不管是什么感觉的雷电，只要按个人印象推进就可以。

05 在线性图层中使其发光

新建线性模式的图层，用笔刷描绘出白色的雷电的打底让它发光。主要使用 S-Oil 笔刷和 S-Air 笔刷，颜色是高饱和度的蓝色（R10/G101/B191）。这里不是要正确描画白色的底色，而是用较大的笔刷大概加一下笔迹，重点是表现周围散发着蓝色的光的样子。

06 使用背景的颜色修改雷电的轮廓

主要使用 S-Oil 笔刷，用"吸管"工具在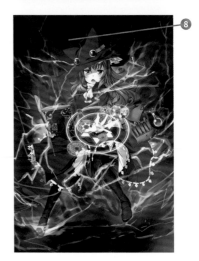那样稍微暗的背景色中取色，修改雷电变得锋利。这里逆向思维非常重要。不是像❾那样直接修改雷电，而是用背景的颜色削减光来表现雷电。这个手法只是大概地加几笔，所以可以缩短时间，通过适度加入笔触就可以带来想要的画面效果。

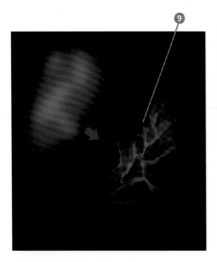

背景色

画笔的笔触

风属性的画法

01 用黄绿色绘制底色

用比较暗的灰色填充背景，用 S-Oil 笔刷（不透明度：70%）来绘制背景的底色。用 G-Finger 笔刷（不透明度：100%）像❶那样绘制椭圆形的晕染。底色的颜色是偏黄绿色。风本来是没有颜色的，一般用黄绿色来表现。这是考虑到风属性中有着新绿等自然的纯净感。

02 改变角色的颜色和魔方阵的颜色

角色的颜色参见 p.55，用色平衡来调整❷。被黄绿色的风魔法的光线照射，将高光向绿色调一下。同样的，魔方阵颜色也变得带点黄绿色。另外，风的特效刻画起来内容很多，防止变得太拥挤，缩小魔方阵。

03 绘制风的打底

在角色的上方新建图层，用白色 S-Oil 笔刷（不透明度：90%）绘制风的底色。要点是如同❸那样从左边到右上，像描绘漩涡一样动笔。

▶Point 角色的姿势和特效匹配

实际上目前为止的特效，全部都是从左边向右上的，注意到了吗？这是因为角色姿势是向❹那样倾斜的。头发也是向右，角色的整体都是从左向右的动作。不管什么属性的特效，绘制的时候都要注意人物姿势和特效的一致性。

04 晕染底色加上动作

在之前阶段绘制的风的底色上，用 G-Finger 笔刷（不透明度：100%）晕染，表现速度感。G-Finger 笔刷适当地动一下就会有氛围感，像❺那样的特效，上部分向右上方变得锋利，下部分向左下方变得锋利，然后有意识地注意在风的特效上添加随机模糊的效果。

05 在线性图层中使其发光

在风的底色上面新建线性图层，让特效发光❻。笔刷用 S-Air 和 E-S-Oil，颜色用黄色。之所以用比较强烈的黄色，是希望在和火等其他特效比较的时候，能有明显的区别。E-S-Oil 笔刷是 S-Oil 笔刷的擦除笔刷。首先像❼那样，用 S-Air 笔刷，大概加点光，之后用 E-S-Oil 笔刷沿着特效的边缘擦除，锋利和模糊的部分就能很好地区分❽。

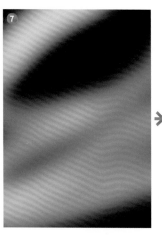 

06 加入手绘笔触

新建一般模式的图层，在关键处加入手绘笔迹❾。笔刷用 S-Oil 和 G-Finger，颜色用吸管工具吸取画布上已经有的颜色。主要在脚和头上加入笔触。这是因为角色的脸和身体的画面内容已经足够丰富，不需要画蛇添足了❿。

土属性的画法

01 绘制脚部的光

调暗背景，用比较暗的灰色填充，用 S-Oil 笔刷（不透明度：70%），颜色用和魔方阵同系列的紫色，在女生的脚部开始刻画光。用紫色是因为和泥土的褐色有点像，相性非常好，可以有魔法的氛围。这里的合成模式用了一般模式的图层。首先，像❶那样绘制线条，从那里开始向上发散光线，加入竖着的笔迹。线分割地面，形成从地面开始的魔法的光。

02 绘制背景的打底

在脚部的光的图层下方新建图层，用 S-Oil 笔刷（不透明度：70%）绘制背景的底色。笔刷稍微放大，从脚部开始呈放射状表现光线。注意像❷那样挥动刷子。这个阶段的要点是颜色。基本使用和脚步的光线相同的紫色，像❸那样偶尔混用黄土色，制造土的氛围。

03 加入笔迹锐化

用 S-Oil 笔刷按压笔尖，加入强压的笔迹，给模糊的打底添加锐化效果❹和❺。反复操作"用吸管工具在加入笔迹的部分取色"→"加强笔压加入笔迹"这一步骤，在模糊的部分加入锐化的部分，带来层次感。比起一开始就锐化，从模糊的状态到锐化更能很好地区分颜色的变化与柔和坚硬的部分。这个手法可以用在墙壁、地面、沥青路等所有场景的表现中。

3

魔法属性的特效

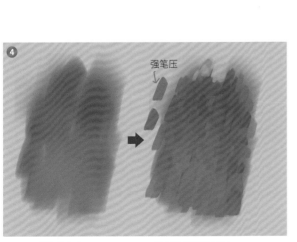

强笔压

模糊的打底　　　　笔压比较强的刻画

04 刻画土的剪影

在角色的图层上方新建图层，用 S-Oil 笔刷，用力加入笔触描绘土的轮廓，颜色用黑色。一般情况下，有背景的画面中不怎么用黑色，但是之后会加入光的效果，所以用黑色也没问题。S-Oil 笔刷只要笔压弱就会模糊，笔压强就会锋利，所以仅靠笔压强度就可以控制氛围。这里，像❻那样从下向上着力，这点很重要。

05 用线性图层体现魔法感

由于光很弱，具有朴素感，新建线性模式的图层，用 S-Air 笔刷加入笔迹，体现魔法感。笔刷稍微大一点，从女生的脚部为中心，光线向上。像❼那样光打在之前阶段中绘制的土的剪影轮廓上。在只有黑色的部分加入柔和的光线可以营造立体感。

06 用笔迹和色调的技巧来营造土系魔法

进入菜单，选择"图层"→"新建色调修正图层"→"色平衡"，然后新建色平衡的色调修正图层，中间色调成黄色❽。这样一来，一开始加入的黄色就会显得很有土系的魔法感。接着，和 03 阶段相同，用 S-Oil 笔刷和 T-Sakuyo 笔刷，重复操作取色和锐化步骤❾，表现土的坚硬感❿。

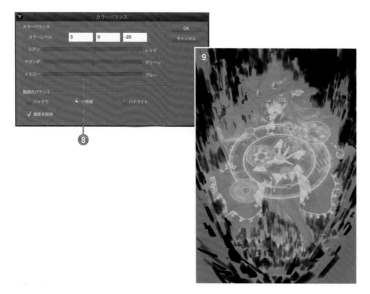

完成的样子

冰属性的画法

01 用接近白色的蓝色填充

首先背景用接近白色的蓝色填充❶。目前为止都是从暗的背景开始绘制，但在冰雪这种白白冷冷的氛围，要从明亮的背景开始绘制。

02 刻画冰的剪影

用 T-Pastel 笔刷刻画冰的剪影❷。这里是将冰后面的背景画暗，来间接表现冰的轮廓❸。这个手法乍一看很费事，但像❹那样通过笔刷笔迹，绘制暗的背景也可以带来纵深感，是非常有效率的。T-Pastel 笔刷可以加入像蜡笔那样有很多质感的笔迹，非常适合刻画冰表面的粗糙感和内部的透明感。

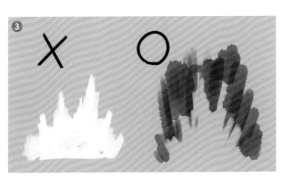

通过使背景变暗来间接地绘制出轮廓

03 让魔方阵变形

按出 Ctrl + T 让魔方阵变形，使其跟随脚部移动❺。变形模式中，通过按住❻中的方块可以改变上下大小。即使圆圈不对，也不会像透视那样有违和感，仅仅通过调整上下就可以简单配置脚部。

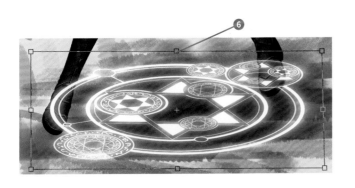

04 增加对比度

用线性模式的图层和叠底模式的图层，增加画面的对比度 ⑦。首先新建线性模式的图层，用 S-Air 笔刷像 ⑧ 那样，绘制从魔方阵开始向上方照射的光。接着新建叠底模式的图层，用 S-Air 笔刷把上部分整体调暗，衬托冰的白色，然后用 E-S-Oil 笔刷部分擦除，表现锋利的冰的轮廓 ⑨。这个和 02 的手法基本相同。

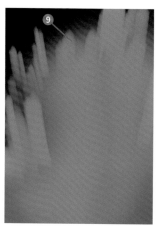

05 刻画冰

用 T-Sakuyo 笔刷和 S-Oil 笔刷绘制 ⑩。要点是灵活运用底色。由于已经有冰的氛围感了，所以之后要考虑强调冰块。冰是透明的，并且根据角度的不同可以反射光，所以用背景的黑色表现透明 ⑪，用明亮的笔迹表现光的反射 ⑫。

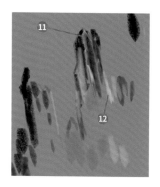

06 刻画冷气

由于还想要有点氛围，新建图层，用 S-Air 笔刷和 E-S-Oil 笔刷，刻画冷气流动的样子 ⑬。这里的画法，请参考 p.62 画风时的有层次感的方法。用 S-Air 笔刷模糊地涂抹，之后用 E-S-Oil 笔刷擦除。另外像 ⑭ 那样在人物的嘴周围添加白色的气体，这是为了表现呼吸。在表现寒冷的画面和想要传达寒冷的时候不要忘记这点。

夕阳下的归途

1 草图

2 制作一点透视

3 填充底色

4 绘制光

5 绘制背景

6 收尾

 Scene 1~3 中，介绍了没有用透视的背景。这里开始为了更认真地绘制背景，将解说使用透视的背景的画法。在 Scene 4 中会讲解使用了一点透视图法的正统派背景的构成，以及如何表现夕阳西下的场景。通过怀旧等关键词，来描绘高中生的青春场景。谁不想度过这样的青春呢！

 2508×3541px

 约 8 小时

视平线的
思考方法

这部分将说明以透视作为工具来用的方法。为了熟练使用透视,一开始就应该掌握的要点为视平线。

什么是视平线

❶的线就是视平线。英语为"Eye Level",所以经常会省略成"EL"。视平线是画画时最关键的,即使透视有点错乱,看上去也不会有太大的问题,但视平线一旦有问题的话,看起来就是怪的。所以用透视的时候,首先要开始考虑视平线。

视平线的三个要点

[01] 视平线 = 放置照相机的高度

所谓视平线就是放置照相机的高度。比如,如果在距离地面1米的地方放置了照相机,那么视平线就是1米❷。视平线通过的场所,不管距离多远都是1米的标准。有时候,正如名字的含义一样,视平线也是目光的高度。用照相机摄影时以❸的视角来考虑能更好地理解透视。

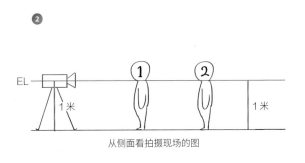

从侧面看拍摄现场的图

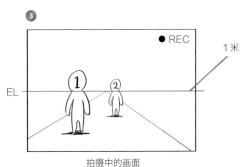

拍摄中的画面

[02] 从上方和下方看的不一样

在视平线的上方和下方放置箱子，就像❹那样。这时，视平线上方的箱子要像从下往上看那样，可以看到箱子的底面❺，视平线下方的箱子要像从上往下看那样，可以看到箱子的上面❻。实际上，透视中最重要的点即视平线上方和下方看的方式不一样。绘画的时候，要注意这一点不同。

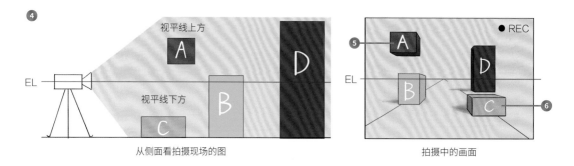

从侧面看拍摄现场的图　　　　　　　　　　　拍摄中的画面

[03] 俯视和仰视的角度

将照相机向上摆动❼，视平线就会下移❽；将照相机向下❾，视平线就会上移❿。一般来讲，从上往下的构图称为俯视图，从下往上的构图称为仰视图。也就是说，俯视的构图照相机要向下，仰视的构图照相机要向上。

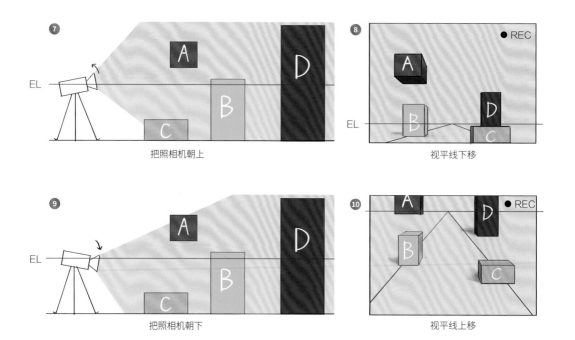

把照相机朝上　　　　　　　　　　　　　　　视平线下移

把照相机朝下　　　　　　　　　　　　　　　视平线上移

一点透视图法
的起始

这部分将介绍透视中最简单的一点透视图法。使用了一点透视图法,可以轻松地描绘出有纵深感的空间。

什么是一点透视图法?

所谓一点透视图法,即设定一个消失点,以该点为引导来绘画的方法。因为只有一个消失点,所以是一点透视,基本上是像❶那样。❷的线称为透视网格线。透视网格线逐渐增加后,就会变成像❸那样的集中线。也就是说一点透视图法是使用集中线的。将这个集中线作为线索,来表现"远处的东西比较小,近处的东西比较大"这样的远近感。一点透视 = 集中线,这样理解的话,就能用透视网格简单地绘制一点透视。

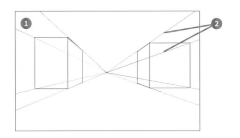
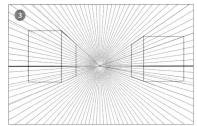

什么是消失点?

请想象面前站着人。如果那个人越来越远的话,就会越变越小,直到变成针尖大的小点。这个点就是消失点。能表现远方的东西会变小这个现象的就是消失点❹。英文表示为"Vanishing Point",缩写成"VP"。消失点一定是在视平线上。决定消失点也可以看作是决定视平线。

一点透视图法的用法

一点透视图法非常万能,适合用来刻画空间的纵深。试着比较❺和❻,有没有感觉❻更有纵深? 像这样是为了带来纵深感,把一点透视图法作为引导来使用。❼是实际操作时使用了透视网格来辅助的例子。在白色的画布上绘画需要勇气,事先绘制好一点透视的集中线的话,可以带着对画面的纵深的印象来刻画。

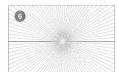

绘制一点透视的透视网格

用本书附赠的透视笔刷（U-Pers），试着绘制一点透视的引导。透视笔刷可以仅靠放大缩小笔刷来绘制一点透视的透视网格（集中线），非常简单。

[01] 决定消失点

在想要放置消失点（VP）的地方打点❽。一开始为了看得清楚用红色。由于决定消失点相当于决定视平线，所以在消失点的高度处设置视平线。习惯后这一步可以省略。

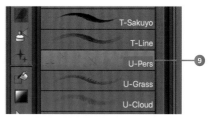

[02] 单击透视笔刷

选择透视笔刷❾后，新建图层，在画面的中央单击。这样就会像❿一样出现正方形的集中线，是透视的基础。

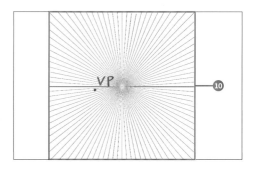

[03] 把消失点和集中线的焦点重合

进入菜单依次选择"编辑"→"变形"→"放大缩小旋转"，或者用 Ctrl + T 进入变形模式。按住全部并拖动，移动集中线，像⓫那样将集中线的中央焦点和消失点重合起来。请保持变形模式。

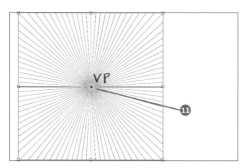

[04] 放大画面

按住 Alt 并像⓬那样拖动四个角，就可以在固定集中线中央焦点的同时自由改变大小。放大画面后，按 Enter 结束变形模式。这样一点透视图法的引导就完成了。同时，透视网格中央的粗线条⓭就是视平线。实际上在用一点透视图法时，可能会发现和自己想的不太一样，那么就再一次放大缩小，自由变化消失点和视平线的位置。用透视笔刷绘制的透视网格只靠变形模式就可以轻松变化透视角度，这点是优势。

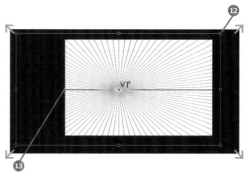

透视尺的使用方法

这部分将介绍使用透视尺正确拉线的方法。这种方法可以轻松地描绘出严格遵循透视的区域。而 Scene 4 中的插画，不需要特别正确地绘制线条，所以不用透视尺来辅助。

什么是透视尺？

透视尺就是可以沿着透视，手绘正确线条的尺。不用透视尺时，为了沿着透视绘制线条，需要一边按着 Shift ，一边单击来拉线，如果用透视尺，可以手绘正确的线。

> **Point** "透视尺"和"透视笔刷"组合使用

本书中，透视尺是和透视笔刷（U-Pers 笔刷）组合使用的。这是因为如果单独使用透视尺，会很难注意纵深。结合透视笔刷绘制的透视网格（集中线），再用透视尺，可以高效地画建筑物和室内等正确的直线以及必须用到透视的背景。

使用透视尺绘制一点透视

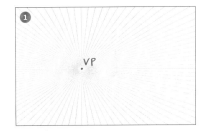

01 用透视笔刷绘制透视网格

用透视笔刷绘制一点透视图法的透视网格❶。透视笔刷的使用方法请参考 p.72。

02 设定透视尺模式

从工具面板单击尺图标❷，接着从辅助工具面板进入单击透视尺❸，设定成透视尺模式。进入透视尺模式后，在工具权限面板，勾选"更改透视图法"和"编辑图层"❹。辅助工具和工具权限面板等如果被隐藏起来了，从菜单的窗口进入，依次选择项目就可以显示。

[03] 选中并拖动

首先新建图层。在该图层上设定透视尺。在画布上加入笔迹后，就会出现横向的引导线。保持笔迹像描着透视网格那样，向着消失点 ❹ 的方向移动 ❺，引导线就会一点点地和透视网格重合。引导线通过消失点后移开鼠标。

[04] 再次拖动

这次在画面下方的透视网格单击，就会出现第二条引导线。像描着透视网格那样，向着消失点的方向拖动 ❻，引导线通过消失点后就离开。这样就会出现像 ❼ 那样的画面，透视尺的设定就完成了。完成后在图层的旁边会出现尺的图标 ❽，这就表示该图层用了透视尺。将这个图标移动到自己想要的图层中，那个图层也会设定透视尺。

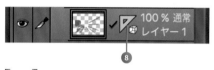

[05] 自由地绘制

选择笔刷，在画布上随意引线。这个状态下只能引"朝着消失点的线""和视平线平行的线""和视平线垂直的线"❾。即使随意地挥动笔刷，也可以绘制出沿着透视的正确的线条。所以这个状态下可以高效地手绘出复杂的建筑物和室内的线条。

▶Point◀ 锁定的开关

进入菜单，选择"显示"，取消勾选"锁定特殊尺"，这样就可以取消沿着透视尺的锁定。Ctrl + 2 也可以控制开关。想要自由绘制线的时候就把锁定取消即可。

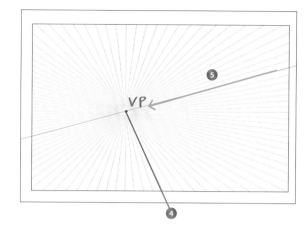

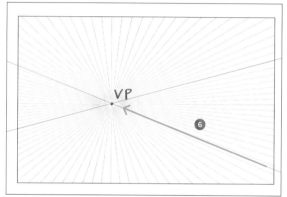

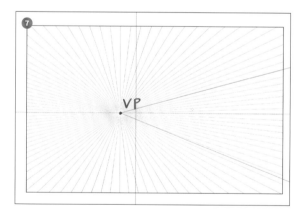

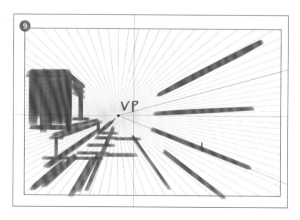

绘画过程

01 | 绘制剪影草图

用 S-Oil 笔刷绘制角色和地面的剪影 ❶。这个草图大概绘制出"夕阳下田间道路上放学的少年和少女"的景象。姿势和表情等细节部分先不用在意。比起从白纸开始突然刻画得很细致，先绘制一个大概的印象轮廓负担会小一点。

> **Point** 将接触地面的角色绘制得容易分辨

绘制脚接触地面的人物时，不仅要刻画人物，也要一起刻画地面。这样可以意识到脚和地面接触到了，更容易描绘好人物站在地上的场景。

02 | 用线稿固定印象

新建图层，用来绘制人物的线稿。缩小 S-Oil 笔刷的大小，把剪影垫在下面勾勒线条，固定画面的印象 ❷。两个人一起回家，女生挽着男生的手，面带羞涩，所以低着头。

虽说是线条，但也不是细细的线。裤子、短裙、背包等颜色深的地方要放大笔刷来绘制。绘制好颜色深的区域后，可以很好地捕捉人物整体的轮廓。

> **Point** 简单捕捉人物的位置关系

把女生的脚与地面的接触点，和男生的脚和地面的接触点连在一起。这样，就能很好地捕捉到人物的互动关系。

03 | 绘制透视

用透视笔刷（U-Pers）绘制一点透视图法的透视。可以通过放大缩小透视笔刷来简单地绘制出正确的透视。由于道路是像❸那样的朝向，所以消失点 VP 设置在❹的位置。绘制透视的时机是，在绘制完草图之后，或者之前都可以。在需要的时候用就好。

参考 Perspective：一点透视图法的开始方法（p.71）

> **Point** 消失点放在哪里

使用透视笔刷的时候会想消失点放在哪里，一般来讲，放在道路、街灯等随着变远会越来越小的元素上比较好❺。

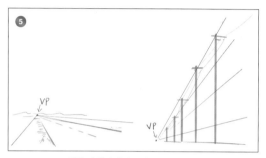

消失点放在道路和电线杆的前面

04 | 沿着透视绘制

用 S-Oil 笔刷，沿着透视绘制各个要素❻。一边参考透视网格，一边简单地绘制电线杆、树木、道路等元素。用一点透视绘画的要点是，把透视当作引导，适度遵守就好。不要过分追求完全按照透视网格绘画。

> **Memo** 过分追求正确就会失去真实感
>
> 有些画者可能透视笔刷和透视尺都想用，但在 Scene 4 中没有用透视尺。像这次这样沿着透视，人物比较少的野外背景中，透视尺过于正确反而会失去真实感。仔细看现实的道路，会发现也不是完全平的，有时也会凹凸不平。电线杆的高度也不是一样的，所以不要绘制得太精准，这样反而会有真实感。电线也不是完全垂直的，稍微倾斜点比较好。

05 绘制云

用 S-Oil 笔刷在左边绘制云。像画圆那样挥动笔刷，营造软绵绵的感觉。这个云的作用是阻挡视线。透视的情况下，这个画面中有像**7**那样的流向。如果所有物体都是沿着这个方向的，视线就会随着流走。为此必须要有阻挡视线的云。

> **Memo 日本田野的要素**
>
> 日本的田野，可以说基本都被符号化了。如果烦恼画面中的要素时，可以放入电线杆、杉树、田地、积雨云等，这样就有田野的感觉了。

06 涂底色

新建叠加模式的图层，用 S-Oil 笔刷在天空和地面涂比较深的蓝色**8**。地面是沥青，天空用同样的颜色。这是考虑到天空的颜色是反射的。

接着，用橙色 T-Chalk 笔刷涂夕阳的部分**9**。想要丰富光线照射的部分，所以用 T-Chalk 笔刷。T-Chalk 是有颗粒质感的笔刷，能让画面变得更丰富。

07 绘制人物的底色

用 S-Oil 笔刷给人物上色。两个人穿的衣服是白色 T 恤，这里用吸管工具取天空的颜色❿，调高亮度后使用。

Point 白色非常容易变化

白色是最明亮的颜色。换句话讲，也是最容易反射光的。反射光是指包括周围的光一起反射。比如蓝天下的话就会反射蓝天的光，看上去是蓝色；如果是沙漠的话，就会反射沙子的颜色，看上去是黄色。白色是最容易受到周围影响的颜色。背景中要表现白色时，推荐用吸管工具取主要环境色的颜色，调明亮后使用。

08 绘制人物

用 S-Oil 笔刷和 S-Sakuyo 笔刷，细化人物⓫。不是全部都绘制，而是注意不要丢掉草图本身的人物的美好，来加入笔迹。由于人物和整体画面比起来比较小，所以在眼睛、眉毛、嘴巴等处加入强烈的黑色⓬。这是因为看画面的时候，总是会稍微离远一点，或者在手机中缩小来看。如果太过精细的话，会看不到表情。

09 在中景的树木中加入信息量

用 T-Chalk 笔刷绘制中景的树木和电线杆等。笔刷的不透明度调成 70%，像⑬那样竖着重复笔迹。依靠笔刷的质感和重复涂的效果密度会变得非常高。这里专注于增加画面内容。树木只重视杉树的轮廓，其他的细节部分不用太在意也可以。这个树木没有受到太多的光照，属于阴影部分，所以细节部分就看不到了。

10 绘制中景的水田

水田和树木一样也用 T-Chalk 笔刷。适当地横向挥动笔刷就可以了。这时的要点反而是像⑭那样做好空隙让底色的明亮可以被看到。不能全都涂满。这是因为水田的水是反射光的。

▶Point◀ 不要太规整

在收尾背景过程中，有没有感到失去了绘画的魅力？那多数是因为在草图时偶然收获的魅力表现在收尾过程中没有了。比如，⑭是草图所以能表现物体的特征。这样偶然获得的灵感要保存下来，继续收尾比较好。

11 | 绘制云

用吸管工具在云的影子部分⑮取色，注意光的方向，像⑯那样挥动 S-Oil 笔刷放大云的影子。夕阳照射下的云并非所有都是明亮的，只有一部分受到了光照，强调了立体感。因此，云的影子不是全都一样的，要稍微保留差异，保留一部分光照射的地方。这样一来，像⑰那样明亮的部分就凸显了出来，看上去很立体。

> **Point** 用积雨云体现纵深

如果是积雨云，像⑱那样通过重叠云朵就可以表现纵深。也可以更加生动地体现积雨云的形态，一举两得。

重叠轮廓显出深度

12 绘制草

用 T-Chalk 笔刷和 T-Sakuyo 笔刷绘制草的底色。首先用 T-Chalk 笔刷（不透明度：50%）绘制有阴影的底色。颜色用水田里的橙色和沥青的暗蓝色。重叠导致颜色变深的部分 ❶⑨ 就会形成影子。加上影子后，用 T-Sakuyo 笔刷描绘草的剪影轮廓。用吸管工具在明亮的地方 ⑳ 和暗的地方 ㉑ 取色使用。

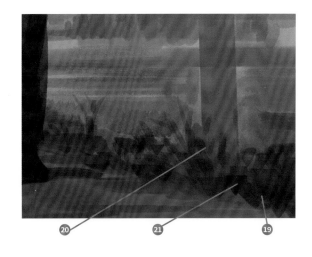

13 绘制沥青

以人物站立的地方为中心，用 S-Oil 笔刷（不透明度：70%）加入横向笔迹 ㉒。用吸管工具在要加入笔迹的部分取色使用。在目前为止草图中模糊的地方，通过加入不透明度高的笔迹来体现沥青的质感（硬度）。这个手法本身和"加入笔迹锐化"（p.63）相同。

▶Point◀ 笔迹中要有层次

为了角色站立的地方有强烈的层次感，加入笔迹。如果全都用沥青，那么沥青的质感会浮在画面中。在必须要有实在感、硬度的地方加入笔迹，在不显眼的地方运用底色，像这样的层次感非常重要。

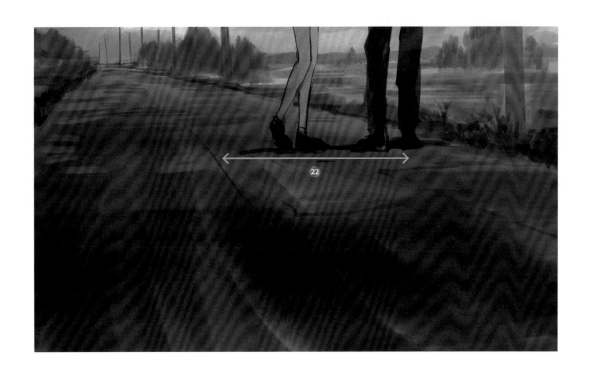

14 整体鲜明化

创建"叠加模式"图层，用 S-Air 笔刷加入笔迹，添加蓝紫色。添加了颜色的地方是映照轮廓的地方❷❸以及画面内容没有空间的地方❷❹。蓝色是冷色所以会给人冷淡的印象，蓝紫色就可以缓和这种印象，也可以保留潮湿的、充满生机的画面效果❷❺。

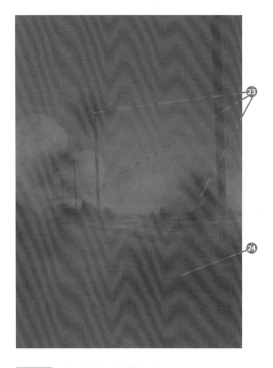

▶Point◀ 用色调修正调整平衡

现在画面整体都变得鲜艳了，为了配合这一点，需要把云的饱和度也调高。进入菜单"编辑"→"色调修正"→"色相饱和度明度"，在"饱和度"一栏+14 ❷❻，这样就调整好了❷❼。

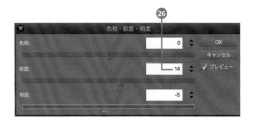

15 绘制中景

画面整体已经固定，所以从这里开始细节化。即使这样，也不是按照从上到下的顺序开始绘制，而是在剪影轮廓中加入笔迹，带来真实感。因为是傍晚，所以影子很多，物体的轮廓感变得很强。尤其是杉树的轮廓，非常有日本田野的感觉，所以非常重要。用 T-Sakuyo 笔刷加入笔迹，把剪影轮廓边缘的树枝一段段锐化❷❽，用同一个刷子从树枝的中央开始向两边扩展，加入笔迹❷❾，提高真实感。

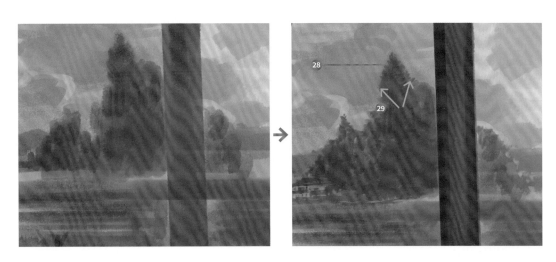

> **Point** 利用打底提高效率

背景中有的元素要尽可能利用。比如像❸⓿那样，稍微加点白色就可以绘制成田地的塑料大棚。为了高效，并且保有草图的印象，收尾的要点是最大限度利用背景。

参考 Technique：认知描绘（p.171）

再次在云中加入笔迹，增加画面内容的丰富度。主要用吸管工具在 **31** 和 **32** 那样的颜色处取色使用，用 S-Oil 笔刷涂抹圆状加入笔触。在 **33** 那样的云的剪影轮廓的边缘部分，用 **31** 那样的颜色，增强影子的效果。相反，在 **34** 那样最能反射夕阳的地方，用 **32** 的颜色，缩小笔刷尺寸增加细细的笔迹。这样一来，就有巨大的云的氛围感了。这一步同样可以保持草稿中呈现的画面丰富度。

17 | 绘制近景

沥青是在打底的笔迹中加入纹路，通过加入不透明度比较高的笔迹，带来坚硬质感。接着，在沥青上刻画裂纹。这样就会有田野小路的感觉，更加真实。裂纹要随意些，但也要注意整体按照透视网格朝向相同的方向来绘制。通过沿着这个透视网格的裂纹表现纵深感㉟。

用 T-Sakuyo 笔刷描绘草的剪影轮廓㊱。用吸管工具在打底的阴影处取色使用，不过由于这个草也不是特别重要，所以也不用刻画得太精细。

这幅画中最重要的是人物和天空的氛围感。为了传达最重要的事情，比起在所有的东西上花精力，适当地有所取舍更重要。

18 增加视线诱导的要素

右上的天空中信息量不够导致画面有点空，因此追加高层云，增有有形状的元素。首先用"吸管"工具在 ③⑦周围的颜色中取色，用 S-Oil 笔刷和 U-Cloud 笔刷描绘高层云的剪影轮廓。勾勒了一点轮廓后，用 S-Air 笔刷在高层云的左边③⑧稍微涂一点天空的颜色。这样一来，云就和天空融合，反而右侧看上去像反射光线。

▶ Point 视线诱导的平衡调整

增加高层云后，画面整体的走向会过于像③⑨那样，所以追加航迹云，强化从左到右的走向④⓪，保持画面平衡。

19 | 绘制眩光效果和画面整体的影子

这里开始收尾。虽然是细节，但是做或者不做会对画面质量产生很大的影响，所以这一步是很重要的。新建线性图层，放大笔刷尺寸，用 S-Air 笔刷描绘从画面右侧照射进来的夕阳光。如果颜色的饱和度太高，会变得刻板，所以使用橘色的中间色比较好。这个光的效果称作眩光效果（p.28）。相机和人的眼睛看到强光时，光线看上去会扩散，运用这一点的话就会提高画面真实感。不仅如此，也会出现色彩柔和的晕染，增加色彩的魅力。

新建叠底图层，在画面的左边❷用 S-Air 笔刷涂抹出柔和的影子。和眩光效果的光相对的就是影子。柔和的阴影可以表现画面的纵深感和统一感。

20 刻画从云延伸到空中的影子

用 S-Oil 笔刷刻画从夕阳照射的云朵开始向空中延伸的影子❹。虽然是影子，这里想要营造手绘的感觉，所以不用叠底模式而是使用一般模式的图层。颜色用吸管工具在天空暗的部分❹取色使用，从右向左轻轻地使用笔刷。云的影子在现实的夕阳中偶尔也能看见。加入这个效果后，天空中不仅会增加信息量，❹的走向也会自然地出现，空间更加平衡。

> Memo 感受到光的天空的效果
>
> 透过云的间隔穿过的光线被称为薄暮光线，也被称为天使的阶梯，非常美丽。这一阶段简洁易懂地称其为从云向天空延伸的影子。实际上这是通过影子来表现光线、薄暮光线。通过影子来间接表现光。

21 色调修正收尾

暂且把画放在一边，过一阵再看，发现整体都偏青色给人寒冷的感觉。因此，为了和"酸酸甜甜"的场景相配合，用色平衡的色调修正图层来修正，把高光调成偏红色❹。夕阳的效果更加强了戏剧感。最后，以特别容易引人注目的人物为中心，调整粗糙的部分和在意的地方，给人物稍微润色即可完工。

博士喜爱的研究室

I love foob'experiments,
I am always making them.

$6O_2 + 12H_2O \longrightarrow C_6H_{12}O_6 + 6O$

① 草图

② 线稿

③ 透视

④ 刻画人物

⑤ 刻画背景

⑥ 收尾

这部分将说明使用两点透视图法和室内的透视尺画法。这是植物学专业的博士的研究室，研究室内育有世界各国多种植物。虽然是现代，但是画面有种梦幻的氛围。

 2508×3541px

 约 10 小时

两点透视图法
的起始

两点透视图法对绘制室内和大的建筑物非常有用。理解这种方法共有两个消失点，记住笔刷的使用方法，就可以简单地使用。这里一起看一下基本知识。

什么是两点透视图法

设定两个消失点（VP）作图的手法称为两点透视图法。和一点透视图法的区别就是增加了一个消失点，变成两个消失点。❶是一点透视图法，❷是两点透视图法的透视网格。两点透视图法的消失点经常在画面外面，不习惯透视的人可能会觉得比较难。但是，只要用本书附赠的透视笔刷（U-Pers 笔刷）就可以简单正确地绘制出来，所以请好好利用。用透视笔刷绘制两点透视的作图过程将在 p.93、p.120 说明。

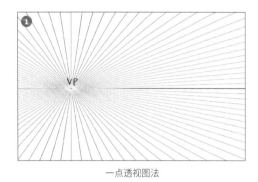

一点透视图法

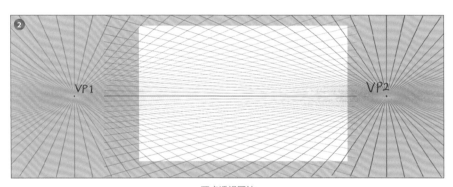

两点透视图法

什么时候用两点透视图法

两点透视图法很容易表现箱子的立体感和位置关系。❸是一点透视，❹是两点透视绘制的箱子。单纯点来讲，室内可以看作箱子内部，建筑物可以看作是大大的箱子，所以两点透视主要用来描绘室内和街道等人工物比较多的背景。

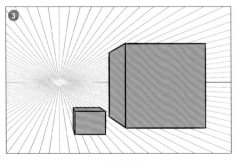

一点透视图法

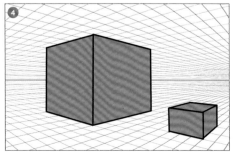

两点透视图法

5

博士喜爱的研究室

用透视绘画时，可能会有疑问，画像❺那样和其他角度不同的东西时该怎么办？从结论来讲，这种情况的话可以像❻那样，增加消失点来绘制。

那么一点、两点透视有什么不同呢？说起来，一点、两点、三点的透视图法，本就是因为消失点数量过多后画图的时候会变得非常复杂，所以才假定有特定数量的消失点。不管消失点增加多少，都没有问题。"一点透视图法中绘制的物体""两点透视图法中绘制的物体""三点透视图法中绘制的物体"混在一起也没有关系。不过，新的消失点❻必须和其他消失点一样，放在同一个视平线（EL）上，否则看不出是在同一个地面上。

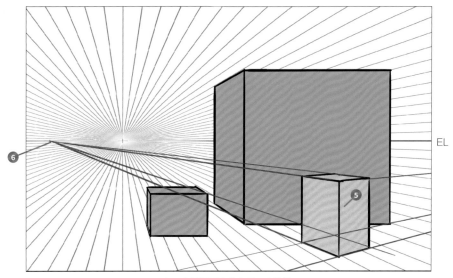

在一点透视图中放入另一个物体

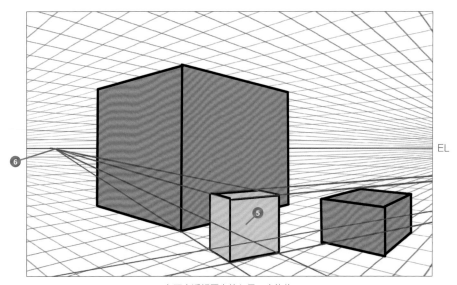

在两点透视图中放入另一个物体

用两点透视图法绘制室内

由于两点透视图法的消失点经常在画面外，一般的画法会比较困难，如果用透视笔刷的话，可以靠放大缩小来绘制消失点在画面外的透视网格。

[01] 描绘元素的周围

用放大后的 S-Oil 笔刷描绘房间内元素的周围。这次绘制了门、窗、桌子、天花板和地板的接缝、墙和墙的接缝。这中间最重要的是天花板和地板的接缝❶。放大刷子是因为这个阶段需要让透视不要过于明确。不习惯的人一开始绘制了细细的线条后，透视会变得不自然，会出现"不觉得这里模糊吗？""这个地方有这个东西吗？"等感觉。

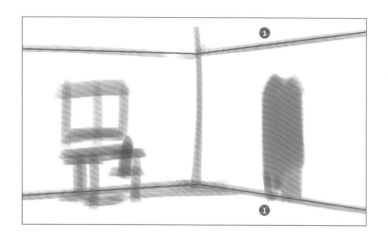

[02] 用透视笔刷单击画面的中央

新建图层，用透视笔刷（U-Pers 笔刷）在画面的中央附近单击，绘制正方形的集中线❷。透视笔刷默认是 1200px 的大小，所以在小型画布上画画时，请缩小笔刷大小控制在画面内。

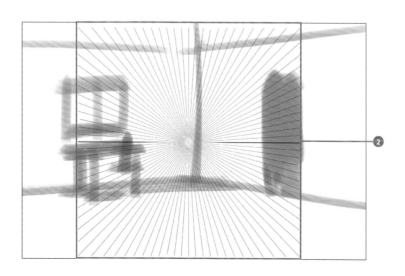

[03] 拉伸变形

用变形模式（Ctrl+T）来将②拉到左侧。要点是天花板和地板接缝的角度要和透视网格的角度③基本重合。这次像④那样向左拉伸了。基本上室内的透视多数都会被大幅拉伸到画面外，再设置消失点。选定了区域后，按Enter确定。这样就绘制好了第一个消失点的透视网格。

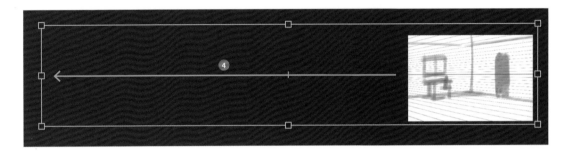

[04] 复制图层拉伸

复制03中绘制的透视图层，向右移动。位置的移动可以用变形模式（Ctrl+T），不变形仅横向移动非常简单⑤。请注意视平线的粗线⑥是一条直线。上下偏移的话视平线的位置也会偏移。这里也像第一个消失点一样，天花板和地板接缝的角度和透视网格的角度要大体重合⑦。这样两点透视图法的透视网格就完成了。

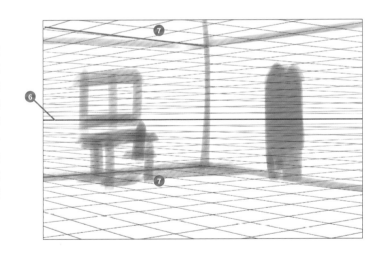

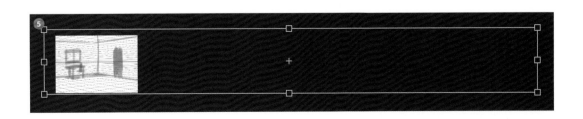

用透视尺绘制室内

一起用透视尺来绘制两点透视图法的室内吧!用了透视尺可以手绘沿着透视的直线,所以可以快速描绘室内。

[01] 绘制透视网格线

从使用透视笔刷描绘透视网格线开始。这里直接用了"Perspective:用两点透视图法绘制室内"(p.93)的透视网格线❶。本书基本不会单独使用透视尺,建议和透视笔刷组合使用。

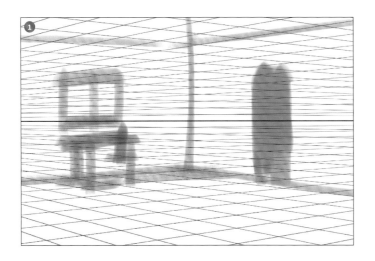

[02] 在左侧透视网格线中使用透视尺

新建图层,在透视尺模式下,将透视网格线向着消失点方向描摹,设定透视尺。绘制好上方的网格线❷后,把下方的网格线❸也描摹好。为了看起来方便,没有显示右侧的透视网格线。透视尺的具体操作请参考"Perspective:透视尺的使用方法"(p.73)。

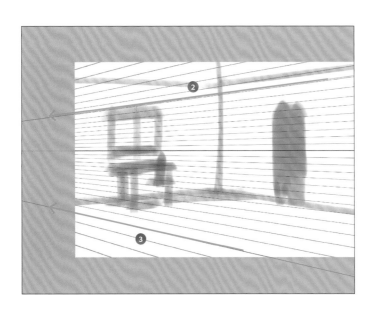

5

博士喜爱的研究室

[03] 在右侧透视网格线中应用透视尺

在02的同一图层中进行相同的操作，这次在右侧的透视网格线中使用透视尺。将预先绘制好的透视网格线向着第二个消失点绘制，设定透视尺④和⑤。这样两点透视的透视尺就完成了。之后开始实际使用透视尺，描绘室内各处。

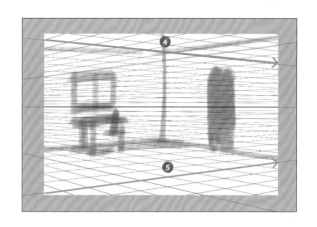

[04] 描绘单侧墙壁和门

用S-Oil画笔仔细描绘单侧墙壁。像④一样用笔刷描摹透视网格线的话，透视尺会自动修正，顺着透视变成漂亮的直线。

▶Point◀ 用门来决定比例

描绘室内时，门的大小是重点。因为人从门内进出，所以很容易体现比例。因此，先绘制门和有门的墙壁，以门为基准考虑大小的平衡再绘制其他要素，这样不易出现违和感。

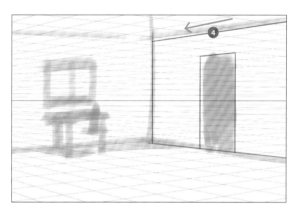

[05] 绘制窗户和桌子

很多窗户的上沿和门等高，所以从门的上沿像⑤那样延伸辅助线。沿着墙壁延伸辅助线就可以绘制出正确高度的窗户。确定了上沿后，就能绘制出适合周围的窗户，根据窗户的大小就可以对比出下面的桌子的高度。

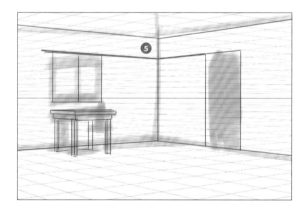

[06] 描绘小细节

比例正确的话，之后添加若干小细节就可以带来真实感。带来真实感的关键非常简单，但又十分重要，即地板和墙壁以及天花板的踢脚线⑥。墙壁和地板的接缝处有时会贴木板，或者有一段是凹进去的。另外天花板和地板的接缝处总是会用橡胶镶边。这些小细节也要认真参考资料来绘制。

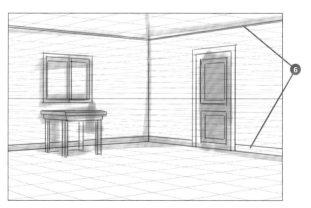

绘画过程

01 确认腰封的位置

这次的插画是本书的封面候选图。绘制书籍封面时，是否有腰封以及腰封的位置非常重要。有的书就没有腰封，而不同的书，腰封的大小也不同，这次的作品是系列作品中的一部，所以参考前作《奇幻背景绘画教室》确定腰封的位置❶。要绘制出即使包裹着腰封也能看清的插画。

> **Memo 要意识到媒介**
>
> 脑海中要常记该插画将通过哪种媒介来呈现，这点非常重要。如果是书籍的封面，要考虑到附有腰封的情况以及印刷时能够呈现的构图，印刷出来后在纸上确认比较好。如果是手游的插图，那要考虑在小画面中也能呈现的构图，再在手机屏幕上确认。

02 描绘灰色草图

使用 S-Oil 笔刷绘制灰色的草图❷。绘制室内的时候，房间角落的三条直线（A、B、C）是透视的起点，所以一定要注意❸。按住 shift 键并移动笔刷可以绘制出笔直的直线。建议即使在草图阶段，也按住 shift 仔细描绘这三条直线。

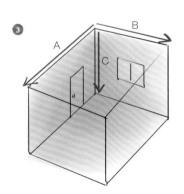

腰封

5

博士喜爱的研究室

成为房间重点的三条直线

> **Point 利用明暗进行视线诱导**
>
> 决定了房间的起点后，要考虑角色被安排在哪里，怎样对主角打光，画面中哪部分为暗、哪部分为明。由于大家的视线会被诱导至明亮的地方，所以这里将画面中央处理成明亮的，并将主角安排在这里，上下部分调暗。尤其下面会被腰封遮挡，所以调成最暗。由于暗处要描绘的地方很少，所以很简单地完成了。

03 | 描绘角色的线稿

新建图层，用小号 S-Oil 笔刷绘制角色的线稿。因为之后还会修改，所以角色身体的平衡等小细节可以忽略。根据画面的风格不同，如果一开始就十分细致地刻画线条，力求完美的话，之后修改时精神压力会很大，所以建议适度细化。

博士的服装给人以绅士、贵族的印象，所以选择为人物设计复古风的衬衫和马甲④，这样就可以描绘出儒雅的形象。女生是大学生，担任博士的助手，因为要照顾植物所以穿着围裙⑤。

>Point< 通过线稿决定设计

之所以要绘制线稿，是因为便于决定角色的设计、服装和表情。必须习惯一边考虑姿势、设计和立体感，一边勾勒厚涂的草图。绘制完简单的线稿后，通过线条考虑姿势和设计，用厚涂表现立体感，这样同时需要考虑的元素就变少了，因此也就不容易失败。

04 | 给光和影上色

新建叠加模式的图层，用 S-Oil 笔刷从光的颜色开始上色 。因为是绅士大叔待的研究室，想要营造沉稳的印象，所以光的颜色用饱和度低的粉色。描绘人物房间等私人空间时，不仅是小物件的颜色，房间的环境光线等也要符合人物形象颜色，这样会比较有说服力。

绘制完光的颜色之后，用 S-Oil 笔刷同样给影子上色 ❼。地板和墙壁用蓝色，植物的影子用绿色。最后给人物也稍微上色，这时不用太注意本身的颜色，优先考虑整体光和影的配色。

▶Point◀ 顺着光线方向上色

将上色的叠加模式的图层变成一般模式 ❽。像这样让光的照射方向和笔刷的动向相同，一边灵活运用笔刷笔迹，一边可以感受到光。

05 绘制两点透视图法的透视网格

用透视笔刷（U-Pers）绘制透视网格。这次用的是两点透视图法，所以要用两次透视笔刷。首先，绘制从第一个消失点拉伸的透视网格。选择透视笔刷，单击画面中央，绘制透视网格。用变形模式（Ctrl + T）将它拉伸到画面整体 ❾。拉伸的时候，透视网格和房间的直线部分 ❿ 要重合。这样一来，就可以绘制出沿着草图的正确的网格。

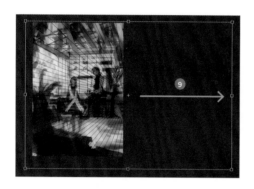

然后绘制第二个透视网格。复制第一个透视网格的图层，向左边拉伸 ⓫，直到拉伸至和房间的直线部分 ⓬ 重合就 OK 了。这样两点透视图法的透视网格就绘制完毕。

参考 Perspective：用两点透视图法绘制室内（p.93）

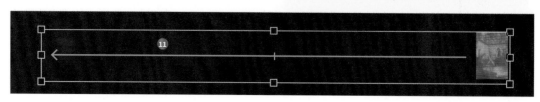

06 使用透视尺

新建图层，设定透视尺。首先向着第一个消失点拉伸透视尺。像⑬和⑭那样，在合适位置的透视网格向着消失点方向描摹，让引导线和透视网格相重合。接着在同一个图层中，向着第二个消失点，重复同样的操作拉伸透视尺⑮和⑯。这里也只要和透视网格重合就行。完成两点透视图法的透视尺后，就会变成⑰那样。这幅画中深处的柜子、大大的窗户等需要正确沿着透视来描绘的要素很多，所以要灵活运用设定的透视尺。

参考 Perspective：用透视尺绘制室内（p.95）

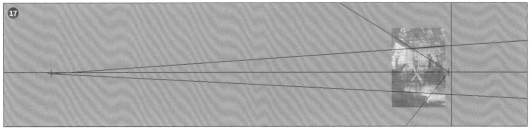

07 分割图层

用套索工具像那样，大致选出前景的盆栽、人物等，复制（Ctrl+C），粘贴到新建图层（Ctrl+V），这样就能够简单分割图层。用套索工具大概分割图层后，用 E-S-Oil 笔刷等的消除笔刷把错处修正⑲。这里从上方开始，依次分割"跟前的植物""人物""桌子""包含柜子的房间背景"图层。

▶Point◀ **用透视网格绘制地板**

用套索工具选择地板部分的透视网格⑳后，复制（Ctrl+C）并在同一个位置粘贴（Ctrl+V）。这样地板线就出来了。这种手法比较朴素，但在描绘西式房间时非常实用。

⑱

Memo **无视图层的优点**

也有从最开始就分图层的画法。但之后再分割也不麻烦，并且一边考虑整体画面和图层的构造，一边绘制的话，负担比较大。所以推荐首先无视图层，开始绘制整体画面。之后再分割图层，这样比较轻松。

08 刻画博士

用 S-Oil 笔刷、S-Sakuyo 笔刷、G-S-Oil 笔刷从博士开始绘制。S-Oil 笔刷主要用来刻画脸和头发等。刷子的效果会带来平滑的质感，所以会有沉稳的印象。S-Sakuyo 笔刷比较锋利，可以绘制出有层次感的笔迹（不透明度：60%）。注意考虑衣服的褶皱方向，重叠笔触，重叠的部分用 G-S-Oil 笔刷晕染，反复此步骤，来表现衣服的褶皱。

该场景是博士一边在手账中记笔记，一边看向前方。因为角色是优雅的人设，所以他的背部挺直，非常注意自己的仪态。

09 刻画女生

同样用 S-Oil 笔刷和 S-Sakuyo 笔刷刻画女生。女生明明正在抚摸猫，却过于正面朝向镜头，这有一点不妥，所以改成脸部向着猫，只有视线看向镜头。这样更能感受到身体整体的动感。

> **Point** 给脸增加角度
>
> 抚摸猫、低着头那样有动作的姿势容易传达出画面中的故事，全身的姿势更加自然。另外女生低头的姿势也经常在需要刻画可爱的时候使用。

5
博士喜爱的研究室

10 绘制沿着透视正确的直线

透视尺可以在图层间移动。将 05 中设定的图层的透视尺标志 ㉓，移动到想要用透视尺的图层中就可以。这样即使换了图层，也可以沿着透视绘制出正确的直线。

用了透视尺的状态下使用笔刷，可以简单又正确地手绘直线。一边使用透视尺，一边一步一步地绘制在 p.97 中说明的房间的三条线（A、B、C）和窗框 ㉔、天花板的支撑 ㉕、台阶 ㉖ 等。这样绘制出数条直线后，画面就有了真实感。

11

用 S-Air 笔刷取暗的蓝色，将房屋的角落变暗 ㉗。

> **Point** 房间的角落要变暗

房间的特点是，由于房间是封闭空间，越到角落光照越不够 ㉘。所以房间的角落和墙壁以及墙壁之间的接缝等要暗一点，这样就能绘制出有立体感的房间。

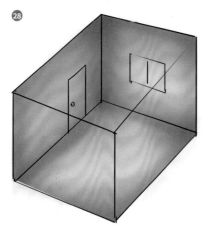

房间的角落调暗

12 | 追加小物件

追加照明灯、桌子、实验器具、植物、透明的黑板等适合研究室的小物件。基本上用 S-Oil 笔刷从剪影轮廓开始绘制。黑板和桌子的直线㉙和㉚是沿着透视的锋利的直线，所以使用 05 中设定的透视尺来绘制。模糊的部分和锋利的直线间的层次感非常重要。

参考 Technique：小物件的画法（p.115）

▶Point◀ **东西多的房间好画**

实际上东西多的房间更容易绘制。只要有足够多的元素，就很难看出微妙的形状的偏差，也很容易有生活感和氛围感。在房间内追加物件时，提高真实感的要点是在房屋的角落中放置物件，隐藏墙壁和地板的接缝。比如㉛的部分中，绘制了盆栽就看不见角落了。

13 绘制柜子

仔细刻画柜子。这个柜子是玻璃的，柜中是水培植物。由于是透过玻璃来看，所以没有必要把里面植物的样子和管子等细细的质感绘制得特别精细。描绘出透过玻璃的效果要点是反射光线的高光和剪影轮廓❷。玻璃的中间是轻盈的，把支撑玻璃的框❸锐化，增加层次感，这样会美观并且有真实感。

▶Point◀ 影子也用透视尺

框上描绘了影子后会有立体感。用细的 S-Oil 笔刷蘸上浓黑色来锐化。这个影子也可以用透视尺轻松画好。

14 绘制人物

精细化人物的细节部分并收尾。感觉博士的身体和女生的比起来，看起来太长了，所以稍微修改了一下。画面中有多个人物时，比较一下人物，就可以没有违和感地安排在同一个空间。

▶Point◀ 远离画面确认

绘制到一定程度时，建议离开一定距离来看并确认。缩小画面看轮廓也非常重要，物理距离上远离一点也会注意到其他地方。在这里，离远一点看就会希望女生的配色中多一点层次感，所以为女生的发型加入了黑色的发箍。

15 绘制地板

用透视尺绘制地板。首先用 T-Chalk 笔刷和 S-Oil 笔刷涂抹出大概的质感。这个信息量会成为打底。这个时候不是沿着透视动刷子，而是像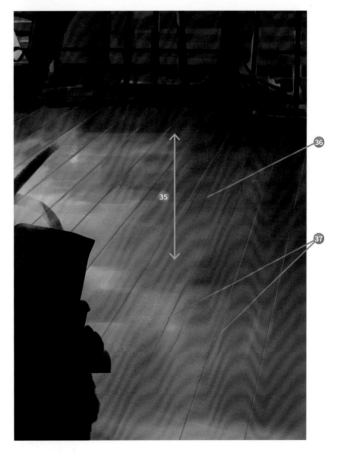那样在垂直方向上下动刷子，这是重点。这是为了表现地板的反射。地板垂直方向的反射笔迹是关键，地板自身的质感反而没那么重要。

细化了反射效果后，用 05 中设定的透视尺，轻轻地加入沿着透视的笔迹 **36**。这是地板的木纹。这里的地板不是重要的部分，所以只要展现木纹就可以。之后，用透视尺轻轻绘制地板接缝 **37**，这样地板就完成了。

16 提高女生的存在感

由于注意到女生快融入背景了，所以在女生的脚部强化影子，同时调亮女生的背后元素38。这样即使从远处看，人物也会很显眼。

> Point 利用明暗差

如果硬要把明亮的部分和暗的部分重叠起来控制明暗，就能让想要突出的东西自然而然地显眼。相反，想要藏匿的部分就减少明暗差。这个明暗差的技巧可以在本书所有场景中使用。

> Memo 人物和背景的理想关系
> 背景和人物没有违和感，非常相得益彰，这点很重要。背景过于突出人物就会被埋没，这样就没有意义了。理想状态就是背景能凸显人物，人物也能反衬背景。

17 色平衡修正来改变配色

进入菜单，依次选择"图层"→"新建色调修正图层"→"色平衡"，新建色平衡的色调修正图层，改变配色。这里由于整体都变得有点偏绿，所以增强高光的红色调，变成一开始的草图中的沉稳粉色39。绿色得到缓和，重新拥有了漂亮的氛围感40。

18 | 增加盆栽

由于这幅画不用在封面上，所以要填充预留给腰封的位置。这里试着增加了盆栽。

▶Point◀ **小物件的共通画法**

小物件的话，建议根据下面的四个阶段来绘制。

1. 绘制剪影轮廓

用 S-Oil 笔刷在想要放置小物件的地方描绘剪影轮廓 **41**。

2. 绘制影子

用 S-Air 笔刷把小物件的周围稍微涂抹得暗一点 **42**。这是因为放了小物件后周围的光线就会被遮住。

3. 绘制被光照射的地方

用 S-Oil、T-Sakuyo、T-Chalk 笔刷等绘制被光照射的地方 **43**。光的朝向和笔迹的朝向要相同，这是重点。

4. 绘制特征

表现各个小物件的重点特征。这个意思不是说要表现质感，而是比如植物的话就表现植物的叶子，编织盆就表现绳结，玻璃就表现反光，绘制一些从远处看小物件的时候总是能看到的特征 **44**。

19 | 绘制近景的植物

开始刻画近景的植物。植物的画法和p.25、p.113相同。这个植物的作用是从画面整体来看，叶片轮廓会给人留下深刻印象。因此，最重要的是植物本身的轮廓而不是质感。人的眼睛一旦接触黑暗，就会立马看不出东西的质感。因此，同时考虑到植物是近景，如果把暗的部分也刻画得过于清楚的话反而会失去真实感，所以这种地方就不要描绘得太仔细了。

> **Memo 质感不重要**
>
> 刻画东西的时候很容易非常想表现质感，但实际上背景中的质感并没有那么重要。因为稍微离开点距离，就看不出质感了。背景中的东西和照相机的距离普遍都比较远，所以不怎么看得出质地。比起质感，更应该注重高光、反射和影子等表现光照射的描绘。

20 | 调整明度收尾

再次稍微离远一点看，发现整体稍微有点暗。把等地方重点调亮。最重要的是放置光线时要让人物、近景植物的轮廓可以被照射到。调亮的时候，将想要凸显的部分调到容易让人目光汇聚是很重要的。调整亮度后，大致调整整体，同时收尾，这样就完成了。

草原的画法

这部分将介绍能大概看见叶子的近中景草原的画法。一边注意菱形的形状，一边熟练使用多个笔刷，就可以快速绘制。

[01] 用灰色赋予浓淡

新建图层，用 S-Oil 笔刷（不透明度：60%），用明暗度比较深的灰色填充。笔刷像之字形❶移动。笔刷笔迹重合的部分会变暗，这样就能区分浓的部分和淡的部分，随意就好。

[02] 注意菱形

还没有习惯的人在用明暗来勾勒草稿的基础上新建菱形图层。对于自然物等难以捕捉重点却要注意立体感的东西，菱形非常实用。进展过程中迷失了立体感的时候只要绘制菱形就好。习惯后就没有必要特意画了。另外，如果菱形绘制得太漂亮反而会有违和感，所以不要用力过猛。

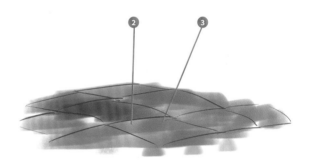

▶ Point◀ 之字形绘制菱形

01 中那样移动笔刷的理由在于这就是菱形的形象。一个菱形的中间有明亮的部分❷和暗的部分❸。之字形移动笔刷可以自然描绘出明暗感。

[03] 用叠加图层上彩色

新建叠加模式的图层，用明亮的颜色❹和暗的颜色❺两种颜色填充。比起一开始就上色，先涂抹上灰色再上彩色会更容易掌握色彩的平衡。
由于光源设定在右上方，所以要意识到光的走向，像❻的方向移动笔刷。在浓的灰色部分一次性涂好❺的颜色，这里也要注意过于严实会导致不自然，所以填充时要减弱笔压。

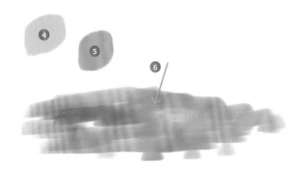

[04] 增加草的笔触

新建图层，用 T-Line 笔刷绘制草的线条。T-Line 笔刷可以一次绘制出若干条粗糙的线条，所以绘制像草原等很多草时非常便利。明暗的界限、轮廓等简单易懂的部分 ⑦ 要尤其注意，加入笔迹。

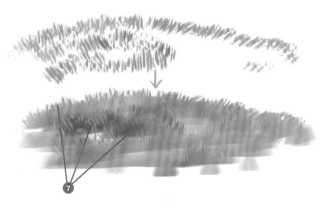

[05] 减少信息量

用 S-Sakuyo 笔刷进一步增加笔迹，减少 T-Line 笔刷的过多信息量。通过控制信息量，画面就能变得自然平衡。加入了这个笔迹后，目前为止模糊的部分就清楚了，草的立体感就出来了。在 ⑧ 等饱和度高的部分就保持原样，围绕浓淡部分增加笔触。

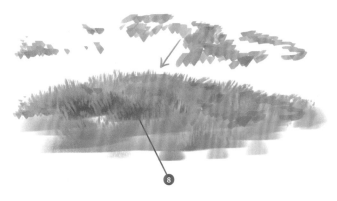

[06] 增加减少的信息量

收尾时，用 S-Sakuyo 笔刷、T-Sakuyo 笔刷稍微增加信息量。请注意不是描绘普通细长的草的笔迹，而是描绘像 ⑨ 那样形状不同的草。在大自然中能看见各种各样形状的草，而不是单一化。

树木的画法

这里将介绍有茂密叶子的典型的广叶树的画法。 可以在绘制各个种类的树木时使用。

[01] 绘制叶块

新建图层，用 S-Oil 笔刷（不透明度：70%）绘制叶块。颜色用"Technique：草原的画法"（p.111）中开始绘制草时相同的暗灰色。最开始不用细化每一片叶子，而是用 S-Oil 笔刷，一笔就是一个叶块，重复短促的笔迹来绘制出叶块 ❶ 。

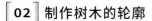

[02] 制作树木的轮廓

重复短笔迹，勾勒树木的轮廓。种类不同，树木的形状也会不同，描绘特定种类的树木时请参考实物。在需要树木但还没决定种类时，整体轮廓涂抹成水滴状，细的轮廓像 ❷ 那样在水滴的中间镶边，绘制出锯齿状。一开始可能很难平衡锯齿轮廓的随意感和有序感，多练习并习惯后就可以快速绘制了。

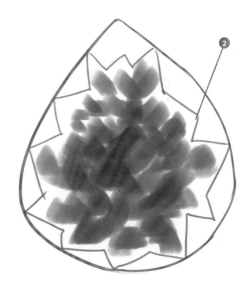

[03] 绘制树干

用 S-Oil 笔刷使用和叶子相同的灰色，涂抹出树干和地面的影子 ❸ 。如果将树干和树叶的影子一起描绘的话，就可以简单表现树木生长的样子。
本来树枝在枝头会越来越细，因为之后会再调整形状，所以可以不用太在意。这里重要的是树木整体的轮廓，是否能让人一眼看出是树。

[04] 叠加图层上色

新建叠加模式的图层并上色。明亮部分的颜色是④，影子的颜色是⑤。这些和"Technique: 草原的画法"中 05 的颜色基本一致。由于是从右上方的光源照射出光线，所以用⑥的笔迹从右上到左下上色。让光的方向和笔迹的方向保持一致是很重要的。可以参考实际背景中的太阳。在⑦的线条的左侧绘制上影子。不用考虑细节部分，注意树木整体的立体感来绘制影子就行。

[05] 绘制小的树叶

新建图层，用 T-Sakuyo 笔刷绘制小的树叶⑧。描绘完底部的轮廓后，只要稍微加入笔迹就可以。细化的笔迹的要点请参考 p.41 和 p.46。

[06] 调整树枝增加叶子

用吸管工具取⑨的颜色，用 T-Sakuyo 笔刷像⑩那样绘制树枝调整形状。比起绘制新的树枝，这样的信息量更多，可以表现树叶茂密的感觉。树枝不够的地方也可以再绘制一点新的。当树枝变得好看后，就像⑪那样在树的影子部分加上叶子就完成了。

小物件的画法

室内的小物件基本上都可以用"Point：小物件的共通画法"（p.109）中的方法来画。这里将介绍用了这个方法的例子。

● 盆栽

1. 轮廓

这里全部用了 S-Oil 笔刷来绘制，植物部分也可以用 S-Sakuyo 笔刷勾勒漂亮的轮廓。

2. 影子

可以使用 S-Air 笔刷，也推荐用 S-Oil 笔刷绘制，然后用 G-S-Oil 笔刷在它的笔迹上晕染。

3. 光

打开新建图层的"锁定透明像素"，注意左上方的光源，绘制光线照射部分的走向。由于是植物，所以颜色选择黄绿色。

4. 特征

盆栽的特征是盆内侧的圆形的阴影部分，要把该部分调暗，之后调整叶子的轮廓。

● 煤油灯

1. 轮廓

涂出粗糙感，涂抹出大概的明暗。

2. 影子

稍微调整，用晕染 S-Oil 笔刷绘制出明暗笔迹，并涂抹出影子。

3. 光

打开新建图层的"锁定透明像素"。颜色用明亮温暖的黄色。这里要注意左上方的光线和煤油灯自身的光线。

4. 特征

煤油灯是金属的，所以表现金属的特性非常重要。金属的特征是锋利的光泽和平滑的影子，在煤油灯的凹凸中用 S-Sakuyo 笔刷等加入锋利的影子就 OK。收尾时用 S-Air 笔刷绘制煤油灯的光和地板的光。

● 烧瓶

1. 轮廓

用 S-Oil 笔刷勾勒玻璃的轮廓。

2. 影子

用 S-Air 笔刷和 S-Oil 笔刷涂抹出影子。玻璃是透明的，所以影子稍微薄一点。

3. 光

玻璃的反射率很高，所以高光全都是白色的，这里先不绘制出。用偏黄色的暖光来涂抹照射的部分。

4. 特征

玻璃的边缘附近集中了细细的影子和高光，所以用 G-Finger 笔刷晕染轮廓，之后用 E-S-Oil 笔刷锐化，营造玻璃质感。收尾时在左侧涂抹白色高光。

● 椅子

1. 轮廓

用 S-Oil 笔刷勾勒椅子的轮廓。对于椅子等有特征的小物件来说最重要的就是传神的轮廓。

2. 影子

用 S-Oil 笔刷描绘椅子脚下的阴影。椅子影子的颜色要用和脚一样程度的暗色，这样就能感觉到椅子放在地板上。

3. 光

要注意，直线多的小物件上不要绘制光的走向，而是在光照射的平面的方向上加入笔迹。

4. 特征

在座位和脚的连接处放上锐化的影子的话，椅子就会变得真实。稍微修正轮廓增加古董的质感。

博士喜爱的研究室

飘雪的街道

用两点透视图法绘制梦幻的街道。这部分将会说明梦幻的欧式街道的要点、黑白绘画增加颜色的技巧、夜晚的表现和雪的表现。会适当地用透视，比起正确性，这个建筑更注重愉悦的氛围。这里比起人物，建筑物才是主角。

❶ 草稿

❷ 两点透视图法的制作

 2508×3541px   约 8 小时

❸ 建筑物的设计

❹ 颜色合成

用两点透视图法绘制建筑物

两点透视图法在绘制建筑物外观时非常有用。用两点透视图法绘制的建筑物强调了立体感，所以主角是建筑物的画也可以使用。这部分将说明使用透视笔刷绘制沿着建筑物的透视网格的画法。

[01] 绘制建筑物的周围

用 S-Oil 笔刷涂抹出建筑物的大概轮廓，之后绘制门、窗户、屋檐和墙壁的边界线。尤其重要的是屋檐和墙壁的边界线 ❶。这里是制作透视中最重要的点，所以请注意。

如果一开始用细的线绘制得过于精细的话，透视容易偏离。这个阶段的要点是用粗线大致涂抹一下就行。

▶ Point ◀ 门和窗户是大小的基准

因为门和窗户是人的大小的基准，所以一定要和绘制室内时一样描绘。这样建筑物的规模感就显现出来了。

[02] 变形透视笔刷

新建图层，用透视笔刷（U-Pers 笔刷）在画面中央单击，绘制透视网格，用变形模式（ Ctrl + T ）向左边放大拉伸。一直放大移动，直到透视网格和眼前的屋檐及墙壁的分界线 ❷ 大体重合。放大的时候按住 Alt ，可以边固定中心边变形，比较方便。

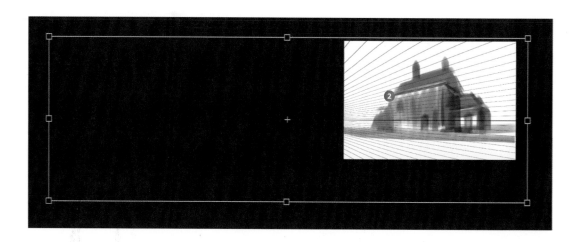

复制 02 中做成的透视网格图层，做第二个透视网格。向右拖动直到侧面的屋檐和墙壁的分界线❸与透视网格大致重合。变形模式（ Ctrl + T ）中按住 Shift 拖动，视平线就不容易偏移，非常便利。这次消失点❹在画面内，所以不用放大，直接向右拖动就好。这样透视网格就完成了。

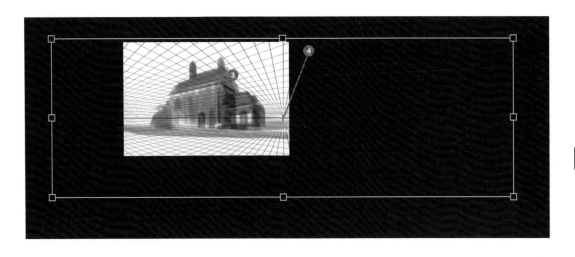

Point 切割画面内的透视网格

放大透视笔刷后，图层会扩大到画布外，导致 CLIP STUDIO PAINT 文件会变大。面对这种情况时，可以选择画面整体（ Ctrl + A ），复制（ Ctrl + C ）并粘贴（ Ctrl + V ）。这样一来画面外的部分（❺的红色部分）就会被切掉，只剩画面内的透视网格❻。这样就不用放大图层，可以保持操作的轻便。但是这样操作后，之后就很难调整透视网格了，所以要好好调整固定透视网格后再这么做。

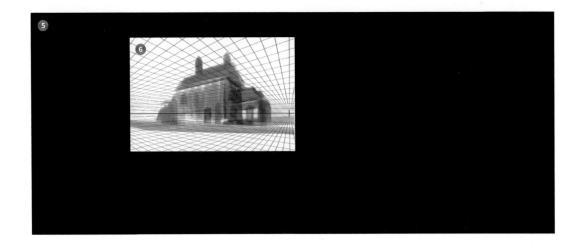

用透视尺绘制建筑物

用透视尺绘制两点透视图法的建筑物。建筑物和室内一样，直线比较多，所以和透视尺的相性很好。

[01] 绘制透视网格

首先使用透视笔刷，从做透视网格的地方开始❶。这里直接使用了"Perspective：用两点透视图法绘制建筑物"（p.120）中的透视网格。本书中一般不会单独使用透视尺，大多和透视笔刷组合使用。

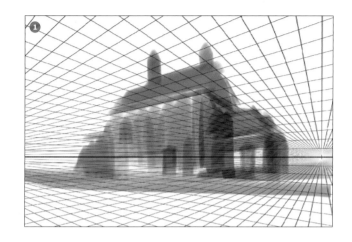

[02] 透视网格中应用透视尺

新建图层，在透视尺模式下顺着消失点方向描摹透视网格，设定透视尺。描摹朝向左侧消失点的透视网格的上方❷和下方❸，将引导线和消失点重合。这样一来，左侧消失点❹的透视尺就设定好了。接着同样，这次向着右侧的消失点❺，在透视尺模式下，描摹透视网格❻和❼，两点透视图法的透视尺就设定好了。

参考 Perspective：透视尺的使用方法（p.73）

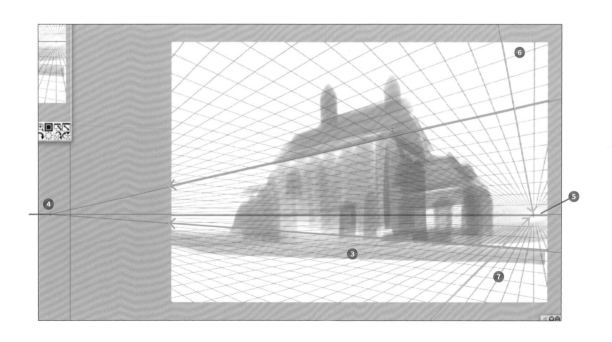

[03] 绘制墙壁

在设定好透视尺的图层中有 ❽ 那样的标志。这个图层中有了透视尺的修正，所以只需要简单绘制好"向着消失点的线""和视平线平行的线""和视平线垂直的线"。首先缩小S-Oil笔刷的尺寸，绘制墙壁和门 ❾。虽然事先描绘好了门的周围，但门是决定各事物尺寸的最大要素，所以要注意整体平衡，慎重决定大小。

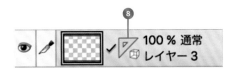

[04] 决定窗户的位置

沿着透视绘制门上面的辅助线 ❿ 和侧边的辅助线 ⓫，来决定窗户的位置。建筑物的门和窗高度相同，经常会在同一列，所以通过辅助线来轻松决定。如果追求正确性，可以利用透视分割的手法（p.132），将墙壁分割来刻画。

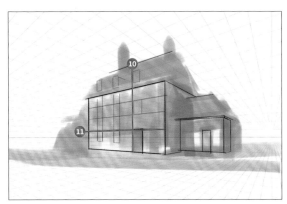

[05] 关闭锁定绘制屋檐的侧面

绘制屋檐侧面的线 ⓬。这个线不沿着透视，所以如果开着透视尺可能会干扰作画。进入菜单，依次选择"显示"→"特殊尺锁定"，取消勾选。另外，按住快捷键（ Ctrl + 2 ）也可以切换锁定开关。

[06] 刻画建筑物的细节

适当切换透视尺的锁定开关，刻画建筑物的细节 ⓭。

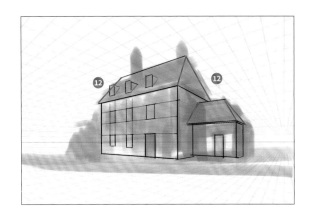

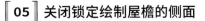

6

飘雪的街道

绘画过程

01 在灰色草图中绘制建筑物

Scene 6 中绘制映照建筑物的夜晚的街道。圣诞夜人们都窝在家里，夜晚的街道、Y 字路上都是梦幻的店铺。虽然也要刻画人物，但请注意，在这张图中，建筑物才是主角。

用 S-Oil 笔刷绘制灰色草图。夜晚的街道窗户非常明亮，首先用明亮的灰色来涂窗户，然后勾勒建筑物的剪影轮廓❶。因为可以从店铺的窗户看到商品，所以窗户要大一点、多一点❷。这里可以不用考虑透视，按照自己脑海中的印象来绘制。

> **Memo** 灰色草图不要太暗
>
> 虽然是夜晚，但是灰色草图，没有必要绘制得太暗，可以在上色的时候再调暗。

02 在灰色草图中绘制人物

为了不使店铺窗户的暖光看起来太过空旷，将魔女角色设计在一边来衬托。把天空的上半部分调暗❸，人物不能遮挡主要建筑，远处的夜景中要能够被照映出来。

> **Point** 夜晚的光的安排很关键
>
> 夜晚的背景整体很暗，所以画面中比较明亮的部分会很显眼。由于视线会集中在明亮的部分，所以如何安排明亮的部分便成了关键点。模式共两种，"想要显眼就调亮"❹和"不想显眼就调暗，把它背后调亮强调轮廓"❺。

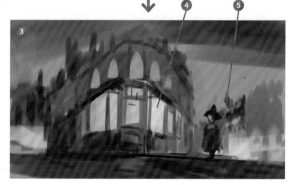

03 在灰色草图中用蓝色上色

新建叠加模式的图层，用 S-Oil 笔刷涂上暗的蓝色❻。一开始用暗的蓝色作为底色来涂会比较有夜晚的氛围。

04 灰色草图中用暖色上色

接着给明亮的部分涂上橘色、黄色等暖色❼。减弱笔压，大概涂一下就可以。因为这个阶段是底色，所以大概能够看出配色就可以。

▶Point◀ 夜晚是多种颜色混合的颜色

不习惯画画的话，夜晚经常会绘制成黑色，但夜晚是不能用黑色的。各种颜色混合在一起后会渐渐接近黑色。改变一下思考方式，夜晚之所以看上去像黑色是因为各种颜色混杂在一起。实际上，有魅力的夜晚的背景是黑暗中混了很多颜色的，看不腻。

05 | 两点透视图法的透视网格

新建图层，用透视笔刷在画面的中央单击。然后像 **8** 那样可以绘制出正方形的集中线，用变形模式（ Ctrl + T ）放大拉伸 **9**。

放大拉伸的基准是，主要建筑物的左侧的直线 **10** 和透视网格的线重合。这样就绘制好了从第一个消失点开始延伸的透视网格。

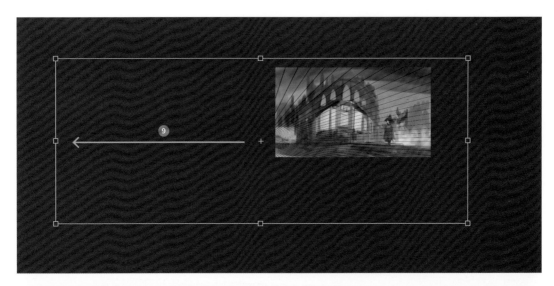

复制第一个透视网格的图层❶。在变形模式下单击拖动复制后的图层，直到像⓬那样，建筑物右边的直线和透视网格的线重合⓭，这样就绘制好了第二个消失点开始拉伸的两点透视图法的透视网格。

参考 Perspective：两点透视图法的起始（p.91）
参考 Perspective：用两点透视图法绘制建筑物（p.120）

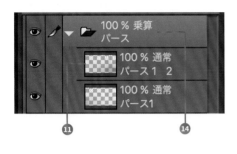

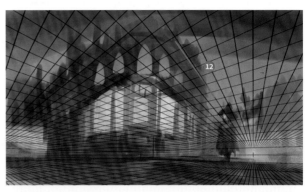

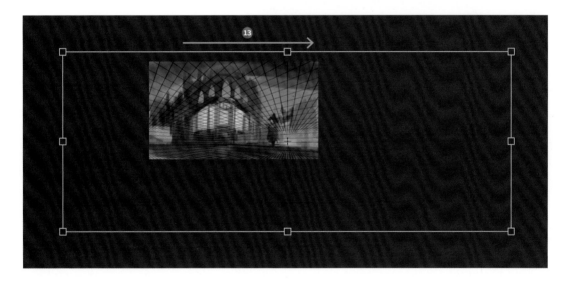

Point 用图层文件夹管理

使用了透视笔刷的两点透视图法中有两个图层。推荐把图层收到图层文件夹⓮中管理。文件夹的合成模式变成正片叠底后，即使画面的亮度变了，也可以清楚地看到透视网格。

Memo 判断使用透视尺

请判断是否需要正确的透视，是否要用透视尺。这幅画中不用透视尺。如果是梦幻风格的建筑物，稍微歪一点反而能够体现氛围。在 Scene5 的现代室内中，需要正确的透视，所以用了透视尺。

06 绘制雪

绘制积雪会变成白色圣诞氛围。积雪的颜色用吸管工具取的颜色使用，用 S-Oil 笔刷来画。首先绘制雪的时候，绘制⑯那样的屋檐的直线要沿着透视。这个线一旦正确沿着透视，就很容易展现建筑物的真实感。下一步是绘制道路两旁的雪。某种程度来讲，街道中的雪应该是被铲掉的，所以在店铺和道路的接缝处稍微涂抹一点。

▶Point◀ 雪的颜色用底色

雪可以就用底色的颜色，这样能轻松绘制。因为习惯从色板中选择适合背景空间的白色。如果把底色中有的明亮的颜色作为雪来用，可以一边使其融合一边快速地涂抹出来。

07 改变窗户的设计

通过增加雪使得夜晚街道更具幻想的寒冷感。所有窗户都是直线比较乏味，所以在建筑物的入口处加入拱门⑰。放入一点曲线和场景的氛围更合，变成了柔和的印象。

08 绘制星空

新建图层，用 S-Pen 笔刷绘制星空⑱。不用考虑得特别难，适当地落笔就行。S-Pen 笔刷的笔尖是圆的，所以可以用来描绘星星。落笔的时候通过笔压强弱，可以给星星的大小增加层次感⑲。

▶Point◀ 区分使用星空笔刷

不想让星空显眼的时候，推荐用 S-Pen 笔刷等落笔。Scene 6 中的画面因为会增加飘雪，所以星星一旦过多，雪的印象就会变弱，所以不用星星专用的笔刷。
想让星空显眼的时候，用本书附赠的专门绘制星空的 U-Star 笔刷。可以简单描绘出满天的星空⑳。这种程度的话儿分钟就能绘制完了，所以请一定要试试。

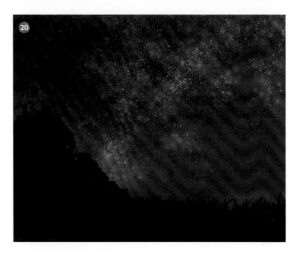

09 分割图层

一次性整合透视网格和星空以外的图层，用套索工具选中所有部分 ㉑，复制并粘贴，分割图层。这里从下方开始依次构造 "天空" "星星" "远方的街道" "主要建筑物" "魔女" "透视的文件夹" 等图层 ㉒。

选择主建筑物

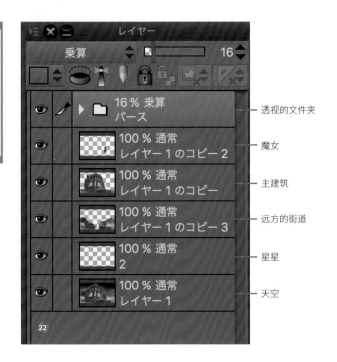

透视的文件夹

魔女

主建筑

远方的街道

星星

天空

10 把建筑物的轮廓清晰化

打开"主要建筑物图层"的"透明像素锁定"㉓，用 S-Air 笔刷在建筑物的上方㉔涂上夜空中最暗的颜色，使轮廓清晰。如果使用了"透明像素锁定"，在不超过剪切下来的建筑物部分进行涂绘。

11 强化温暖的印象

新建叠加模式的图层，在㉕等明亮的部分中涂上明亮的橘色，强化温暖的印象。叠加模式的图层，可以在感觉饱和度不够时使用，非常方便。基本上，画面中的一部分调暗的话其他部分要明亮，一部分调亮的话其他部分要暗。对画面的明暗像跷跷板那样来考虑就能简单掌握明度的平衡。

12 | 绘制窗框

用 S-Oil 笔刷绘制窗框。这里将介绍用了透视、分割等技巧后正确绘制窗框的画法。也可以应用到窗户以外各种各样的东西。

▶ Point ◀ 沿着透视的窗框

1. 连接窗户的对角

新建图层，在绘制窗户之前拉辅助线。首先注意窗户是四边形❷，连接四边形的对角线。连接对角线是为了确认四边形的中心❷。

2. 绘制通过中心的辅助线

绘制通过中心的辅助线。横向和附近的透视网格❷相平行，纵向和窗户的竖线相平行。这样四边形就被分成了四块。

3. 连接窗户左右两边的对角

像 ㉚ 那样连接分成四块的右半部分的对角。然后左半部分也一样。绘制好通过各个对角线的交点的纵向辅助线后，就变成了窗框的边缘。沿着第二步和第三步中的三条纵向辅助线，再绘制竖着的窗框 ㉛，这样就完成了。

4. 连接窗户上下两边的对角

像 ㉜ 那样连接窗户上半部分的对角线。下半部分也一样。这样就把上下纵向分成了四个部分 ㉝，以这个分割为界限，就可以绘制出 ㉖ 的窗框了。

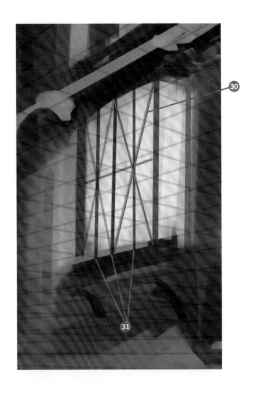

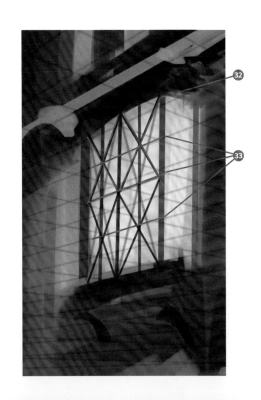

Memo 透视的分割圈套

使用透视可以方便地正确分割图形。实际上使用的话，会和印象有点差别。这种情况下我多数会重视从画中感受到的，不使用透视分割，而是凭感觉分割。这里左侧大窗框以外也都是凭感觉绘制的 ㉞。比如，当主角是现代的大楼等工业上的建筑时要正确分割，如果是梦幻的建筑，则推荐在绘画的时候凭感觉分割比较好。

13 | 绘制远处的街景

使用 S-Oil 笔刷绘制远处的街景。首先用吸管工具取 ③⑤ 的颜色，描绘建筑物的墙壁和房檐。用暗的颜色涂抹屋檐和墙壁的接缝 ③⑥。为了和底色做对比，所以利用明亮，像在墙壁上镶边一样绘制窗户 ③⑦。

调整轮廓后，用 S-Oil 笔刷适当增加窗户数量 ③⑧。远景的街道主要是依靠氛围，直线和透视的正确性不太重要，可以忽略。

14 颜色合成

整体来看感觉颜色有点少，有点寂寥。所以把 Scene 1 的插画合成进来，丰富画面颜色。把自己的画用叠加模式的图层合成，来增加颜色的手法在本书中被称作颜色合成。

▶Point◀ 颜色合成的方法

1. 读取自己的作品

进入菜单的"文件"→"读取"→"图片"，开始读取喜欢的图片 。在读取的图片图层上右击选择"光栅化"，这样就准备好了。光栅化可以把图片变得和一般图层一样，能够进行色调修正和添加过滤。

另外，这里重要的是要使用自己的作品。绝对不可以用他人的作品、网上看到的图片。侵犯著作权就是犯罪。

2. 调成叠加模式

把导入图片的图层改成叠加模式 。在颜色合成中基本会使用叠加模式，想让画面整体变暗的时候用叠底模式。

3. 用波形过滤变形

进入菜单，依次选择"过滤"→"变形"→"波形"，使读取的作品变形。只要适当改变波形过滤的数值，就能像 那样让画面倾斜。波形过滤和晕染过滤不同，可以既不失去插画的锋利感，也可以完成复杂的变形，所以我很喜欢用。

4. 融合

像那样的话，颜色变化太强烈了，可以进入菜单的"编辑"→"色调修正"→"level修正"，调整对比，弱化颜色合成的效果。把色阶修正的两个标记43向中央方向移动，这样就能简单地融合。

参考 Technique：照片合成和颜色合成（p.169）

6

飘雪的街道

135

15 绘制门和玻璃

用 T-Pastel 笔刷从窗户玻璃开始绘制。玻璃窗的性质是玻璃和窗框的分界线 ④，非常明亮显眼，用吸管工具取天空的颜色，用 T-Pastel 笔刷在玻璃的正中间像 ④ 那样轻轻落笔绘制得暗一点，这样玻璃的感觉就出来了。

因为调暗了玻璃，所以为了保持平衡让门也暗一点。要点是底色 ④ 的部分不要全部涂满，像 ④ 那样留下一部分。底色中能看见的部分就是门的木头的光泽。

最后，新建线性发光模式的图层，在街灯周围加上光。这里最适合用 T-Air 笔刷。T-Air 笔刷是空气笔刷中有混乱感的笔刷，最适合表现有颗粒感的光。

16 绘制石阶以加强夜晚的印象

整体色调调暗加强背景中夜晚的氛围，可以反衬出雪的质感。新建叠底模式的图层，用 S-Air 笔刷给整体加一点紫色调暗。之后，用 E-S-Oil 笔刷擦除"街灯的周围""窗户""远景的明亮部分" **48** 等。在整体都调暗后进行擦除和调亮是为了让暗的地方留下模糊的印象、让明亮的地方留下清晰的印象。另外，飘着的雪定格在画面中，可以用 T-Pastel 笔刷打点状来刻画。

▶Point◀ 夜晚的颜色

用紫色调暗是因为想要让夜晚有艳丽感。用青色的话画面会比较冷，给人寒冬夜晚的感觉，用了紫色会有艳丽的感觉，变成不同的氛围。

▶Point◀ 石阶的画法

一般通过刻画地面的沟渠来绘制石阶，这里通过刻画石头来表现沟渠，展现石阶。利用好底色暗的部分就可以高效画好。用吸管工具取 **49** 的颜色，用 T-Sakuyo 笔刷类似圆弧状 **50** 动笔就行。重点是从笔刷的缝隙中能够看到黑色的底色。从笔刷缝隙中看到的黑色底色可以被看作是石头的缝隙。另外，T-Sakuyo 笔刷的粗糙质感可以表现岩石的质感。

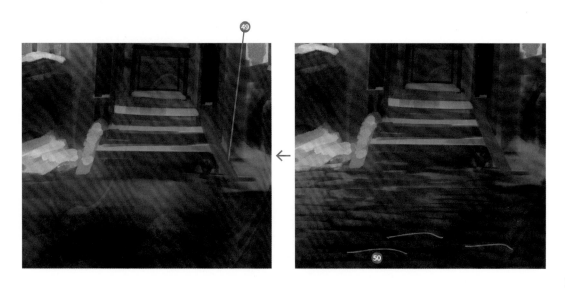

17 | 绘制角色

已经决定了整体的印象后，可以开始绘制人物了 ⑤1。不过即使如此，这幅画的主角还是建筑物。比起人物的设计等，要更重视凸显轮廓，把外套和脚部等调暗，和背景形成对比，这点非常重要 ⑤2。

▶Point◀ 刻画人物轮廓

比起刻画人物，更重要的修正点是把人物的站立位置向右偏移，使得人物轮廓分明。因为像 ⑤3 那样，帽子和建筑物的轮廓重合了。

18 | 绘制树木

用 S-Oil 笔刷在右端绘制树木。增加树木是因为主要建筑的左右两边 ⑤4 趋势太向下了，所以想增加点东西提拉一下比较好。用"吸管"工具在树枝附近的雪中 ⑤5 取色，然后在树枝上绘制枝头堆积的雪就好了。

19 | 用雪笔刷绘制雪

新建图层，用 U-Snow 笔刷描绘飘雪，这个笔刷可以迅速绘制好。整体的雪不是全部都降下来，而是做出张弛有度的降落比较好。要点是增加像 **56** 那样街灯的光的部分。雪是白色的所以总是反射光线。这里一般选用明亮的颜色来绘制，这样"雪正在下"的氛围感就会很强。

Point 降雪要有层次感

使用雪笔刷后，打开雪的图层的"透明像素锁"。锁定的状态下用吸管工具取天空的颜色，用 S-Air 笔刷（不透明度：30%），在天空中暗的部分把雪涂抹成薄薄的质感。这是因为光线弱的地方很难看到雪。这样一来，有层次感空间就会有纵深感。也不是完全做成天空的颜色，稍微暗一点正好。

20 绘制建筑物

画画的时候，有绝对不能避开的要点。这是元素和素材共同的要点。

▶Point◀ 绝对应该要遵循的画画要点

·积雪 57

把 S-Oil 笔刷调细一点，在建筑物突出的部分绘制积雪。雪总是会堆积在突出的部分。换言之，如果要描绘雪堆积的样子，那就要刻画突出的立体感。S-Oil 笔刷正适合用来表现雪微妙的光滑的层次。

·细小的突出部分的影子 58

用 S-Oil 笔刷刻画窗框突出部分的影子。如果不绘制出影子，和真实感就会有较大的差距，所以这是绝对不能避开的要点。比起质感的描绘，给物体增加影子更能有立体感。一边按住 Shift 一边拉线，就可以简单地拉出漂亮的直线，可以多用。之所以用 S-Oil 笔刷，是因为可以表现影子的质感。

·高光 59

用 T-Sakuyo 笔刷绘制高光。高光不是重复地涂抹，而是用闪亮光芒的形状轻轻地涂抹出来，这是诀窍。高光的颜色不是白色，而是要用反射光线的颜色。这里用吸管工具取街灯和窗户的颜色后使用。之所以用 T-Sakuyo 笔刷，是因为希望高光能有锋利粗糙的触感。这里高光只要不平滑就可以表现出质感。

大窗户周围的要点

二楼中央窗户周围的方法

21 意识到整体的层次感，调整

绘制背景最重要的是有层次感。不是整齐划一，而是分成看的人视线集中的地方和视线不集中的地方，这样有层次感，可以增加魅力，而且也能更快地完成。这个画面中最能被看到的地方是中间的建筑物的门。首先把门刻画好，这样画面的整体印象会变好。一边注意这点一边观察整体平衡，就完成了 60。

Point ▶ 层次感有魅力的三个理由

A. 画面有缓急

如果画面中均一的部分太多，容易审美疲劳，这样印象容易变差。有层次感的画面会自然地有缓急，看的人眼睛更轻松。

B. 容易看

背景整体中有各种各样的要素，如果所有都绘制得一样并且强调所有的要素，看的人反而会奇怪到底该看哪里，应该集中在哪里。所以在作画的时候要有层次，确认应该首先看到的点。

C. 再现周边视野

人的视野总是只能看清对焦的部分。视野范围的边界被称为周边视野，明明是能够被看到的但却总是难以分辨。一旦有了层次感，便可以在画中再现我们习惯的、亲切的视野。

Technique

自定义笔刷的制作方法

自定义笔刷（自定义工具）可以自己做。这里将制作星空笔刷。制作好的星空笔刷作为本书附赠的 U-Star 笔刷收录。

[01] 制作笔刷笔尖画像的文件

新建笔刷笔尖画像用的文件。尺寸是 2000×2000px 的正方形，分辨率是 350dpi ❶。这种大小也可以应对需要印刷的作品，是高质量的笔刷。

[02] 画笔刷笔尖

新建填充了黑色的背景图层。在它上面新建图层，用 S-Pen 笔刷和 S-Air 笔刷，画笔刷的笔尖，颜色是白色。

由于是绘制星空的笔刷，所以在笔尖画像中绘制一部分星空。首先用 S-Pen 笔刷（笔刷大小：60px，不透明度：90%）适当打点。这就是一个一个的星星。笔压的轻重可以改变点的大小。接着用 S-Air 笔刷（笔刷大小：400px，不透明度：30%）绘制扩散出来的星光 ❷。这里也是轻轻打点。这个模糊的笔迹就是星光扩散的样子以及星云的感觉。

[03] 作为素材导入

选择 02 中绘制了笔尖的图层，进入菜单"编辑"→"素材登陆"→"画像"，打开素材的属性，作为笔刷的笔尖登记。

素材名是"Star"❸，勾选"作为笔刷笔尖形状使用"❹。接着选择喜欢的保存路径 ❺，然后点击 OK，这样就将笔尖素材登记好了。

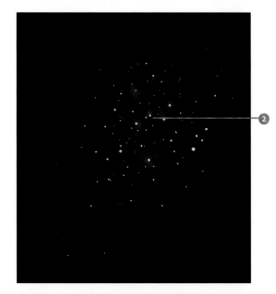

[04] 制作笔刷

单击"辅助工具"面板的 6 部分，单击"自定义辅助工具的制作" 7，这样可以做成自定义辅助工具（自定义笔刷）。这里依次在"名字"处输入"Star"，"输出处理"处输入"直接描画"，"输入处理"是"笔刷" 8，然后点击 OK。这样，做好的笔刷的"辅助工具详细面板"就打开了。

> Memo 改变工具标志
>
> 笔刷的标志是自定义的，可以根据自己的喜好设置标志。本书附赠的笔刷是我自己的标志。

[05] 应用笔刷的笔尖画像

把 02 中登记好的笔尖画像，应用在新建的笔刷中。首先，单击"辅助工具详细"窗口中的"笔刷笔尖" 9，然后单击"素材" 10，再单击"11"的区域。这样会打开"笔刷笔尖形状的选择"窗口。

上下拖动笔刷的笔尖素材，单击登记好的笔尖素材 12 再点击 OK 确认。

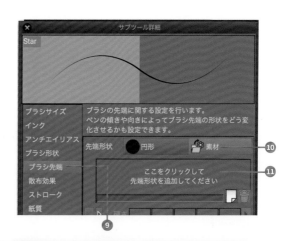

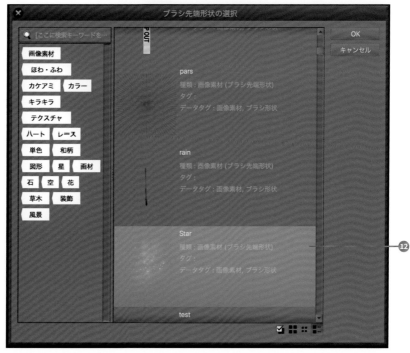

6

飘雪的街道

[06] 放大笔刷尺寸

由于希望星空笔刷能一下子在画布上绘制出想要的星空，所以把笔刷尺寸调大一点。首先在"辅助工具详细"窗口的"笔刷尺寸"标签⑬中，输入"笔刷尺寸：1000"⑭。

[07] 调弱抗锯齿

在"抗锯齿"便签⑮中，将"抗锯齿"的强度调成"弱"⑯。抗锯齿处理是为了减少一旦放大就能够看到的锯齿，简单来说，就是笔刷稍微钝一点。因为希望星空中的星星是一个一个的，所以这里要设置弱一些。

[08] 散布效果扩散笔刷

在"散布效果"标签⑰中勾选"散布效果"⑱，扩散笔刷。"粒子尺寸：498.2"⑲，"粒子密度"调成最弱，再单击⑳，勾选笔压，设定成用笔压改变粒子密度。"散布偏向"调到中间㉑，"粒子的朝向"是单击㉒勾选随机㉓，把"影响度"调高，可以通过拖动决定随机的变化量。这样，作为一张画像绘制好的笔刷的笔尖就可以有多样的变化，比如随机旋转、变化粒子密度、随意扩大等。

> **Memo 试错**
> 这个边的数值和机能根据环境的不同，画法也不同。实际上使用笔刷的时候，一边尝试一边设定成最合适的。比起用语言记忆，更推荐实际操作看看。

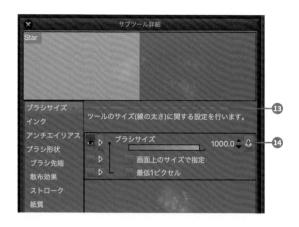

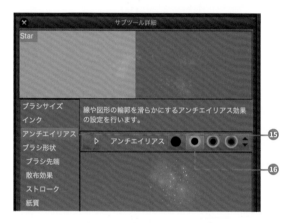

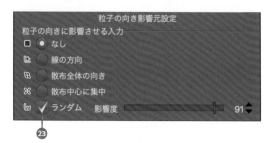

[09] 改变间隔

如果笔刷的密度比较高，就可以一下子涂抹出很多的星星，所以在"线条"标签❷中，把"间隔"调成最小的❷。

[10] 增加质地，更加随意

如果只有目前为止的设定，笔刷仍然有复制粘贴的感觉，在"纸质"标签❷中，设定纸质，使笔刷更加有随意感。纸质就是所有的质地。在笔刷的画像上合成别的质感的浓淡，这样就能减少复制粘贴感。这里选择"灰泥"❷。灰泥是根据我个人喜好选择的质地。顺便，灰泥中细分成三个素材，因为没有太大的区别，所以随意选择就好。之后把数值设定成❷那样就完成了。用这个笔刷可以一下子描绘出满天星空❷。

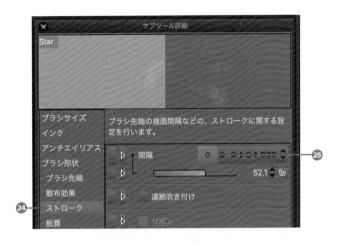

> **Memo** 把笔刷的设置保存成初始设置
>
> 设置完笔刷后，单击"辅助工具详细"面板的"把所有设置登记成初始设置"，保存笔刷的设置。如果不进行这个操作，一旦不小心单击"把所有设置恢复成初始设置"，先前的设置都会消失。

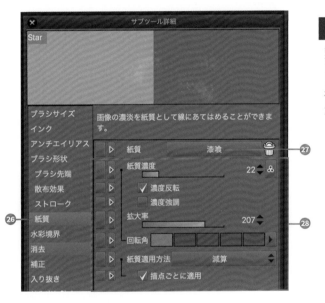

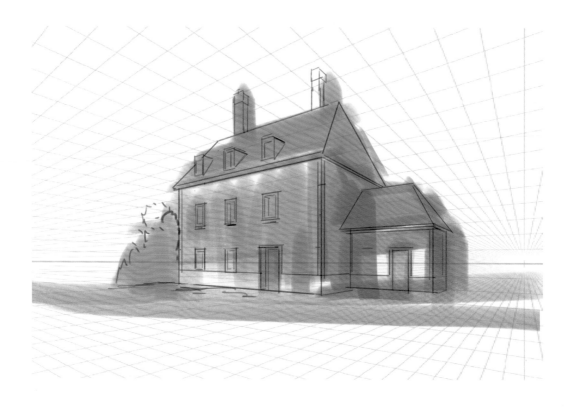

蒸汽少女的
日常

Scene
7
用三点透视图法
绘制的蒸汽朋克的世界

1 江原康之先生
的原画

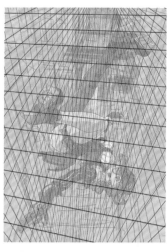

2 制作透视线

3 背景草图

4 构图的变更

5 人物的精细化

6 收尾

 这是在动画《进击的巨人》《铁甲城的卡巴内利》等很多作品中担任作画总监
和角色设计的动画制作人江原康之先生的原画。这幅作品使用了三点透视图
法，构图比较有压迫感，世界观设定在蒸汽朋克。这里将介绍三点透视图法的
实践性使用方法和通过照片合成缩短时间的技巧，以及利用自己的认识来刻画
的认知描绘等实用技巧。

 2508×3541px

 约 9 小时

三点透视图法
的起始

三点透视图法是在绘制宏大的背景和人物的动作时经常用的。只要记住有三个消失点，以及笔刷的使用方法就能简单使用。这部分一起学习一下基础知识。

 什么是三点透视图法?

三点透视图法是在两点透视图法的基础上发展而来的，在纵向增加消失点的透视。两点透视图法在左❶和右❷一共有两个消失点。三点透视图除了左右❸和❹的消失点，上方❺或者下方也会设定消失点。

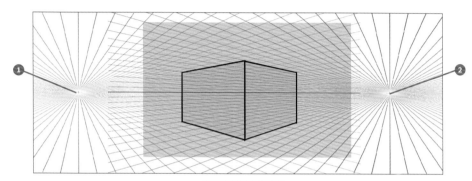

两点透视图法的例子

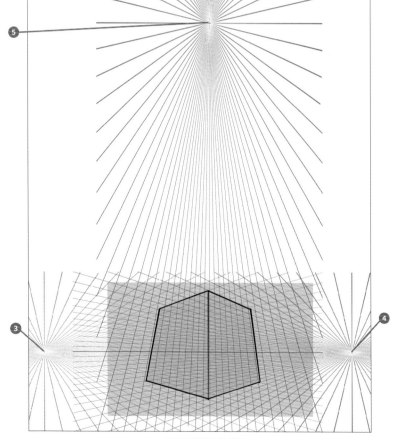

三点透视图法的例子

什么是纵向的消失点？

如果难以理解纵向的消失点，可以想象一下从下往上看天空树等比较高的建筑物的样子。高的建筑物越往上越小，这是因为从地面往上看，换言之就是和自己有了一定的距离，所以变小了。消失点就是"远处的东西看起来变小了的现象"。实际上，从下往上在天空树的照片上拉条辅助线就可以明白这第三个消失点⑥。

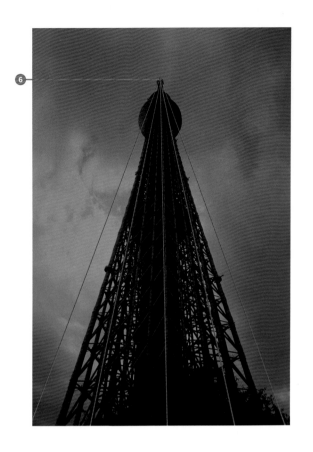

 什么时候用三点透视图法来绘制？

三点透视图法很容易表现纵向的距离感，所以经常在想要表现像⑦和⑧那样建筑物的巨大感和宏大、压迫感时使用，也就是俯瞰和仰视很强的构图。另外俯瞰的构图会让角色的脸看上去很大，并且能够表现全身，所以在绘制人物时，也时常会使用三点透视图法。

用三点透视图法绘制建筑物

在这里将会介绍如何用透视笔刷绘制配合剪影轮廓的三点透视图法的透视网格。

[01] 勾勒剪影轮廓

用放大的 S-Oil 笔刷从上往下挥动勾勒剪影轮廓。勾勒完剪影之后用细细的 S-Oil 笔刷沿着左边❶和右边❷的透视轻轻绘制直线。要点是不要绘制❶和❷的直线以外的细节。绘制大楼时可能无论如何都想描绘窗户等细细的直线，现阶段就需要忍耐一下。一旦描绘了精细的直线，会很容易在作画的过程中疑惑以哪条线为基准做透视网格。

[02] 变形透视笔刷

新建图层，用透视笔刷（U-Pers）单击画面中央，用变形模式再同时按 Ctrl + T 向左拉伸。直到透视网格和左边的直线❶大概重合时❸停止移动拉伸。确定好位置后按 Enter 确认。

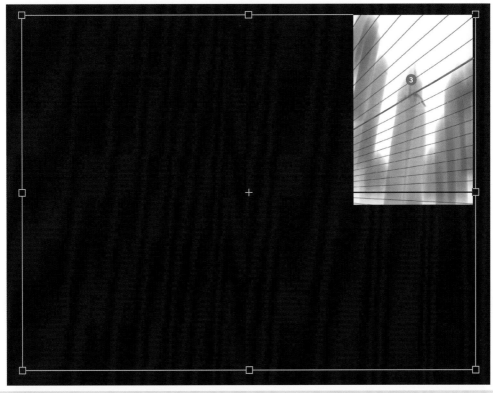

[03] 复制图层拉伸

复制在 02 中绘制好的透视图层，用变形模式 [Ctrl]＋[T]，一边按住 [Shift] 一边向右水平移动。重要的是视平线的粗线❹和 02 的透视网格要重合。上下偏移的话视平线就会上下偏移。同样地，这次把透视网格调整到和右侧的直线❷大概重合为止❺。目前为止的顺序和两点透视图法一样。

参考 Perspective：用两点透视图法绘制建筑物（p.120）

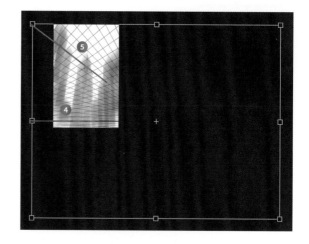

[04] 制作第三个透视网格

复制 03 的图层，用变形模式 [Ctrl]＋[T] 向纵向拉伸。直到透视网格和建筑物的剪影轮廓的直线❻大概重合后停止拉伸。使透视网格基本上和画面中央附近的主角建筑物重合。三点透视图法可以同时处理若干个放大的图层，所以很容易变得很慢。决定好三个透视网格后，用 p.121 中介绍的方法，把画面内的透视网格剪切处理，使图片文件变小。

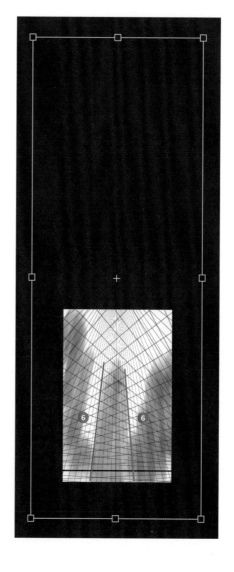

Perspective

用透视尺绘制
三点透视图法
的建筑物

用透视尺绘制三点透视图法的建筑物。三点透视
图法的建筑物基本没有垂直的线，如果刻画得太
仔细会很麻烦，所以用透视尺可以快速画好。

[01] 在透视网格中应用透视尺

在透视笔刷（U-Pers 笔刷）做的透视网格中，应用透视尺。这里用了"Perspective：用三点透视图法绘制建筑
物"（p.151）中制作的透视网格。首先新建图层，选择"尺"工具的"透视尺"，切换成透视尺模式，向着消失点
方向描摹透视网格，设定透视尺。一开始，描摹朝向左侧消失点❶的两条沿着透视网格的引导线❷和❸。这样一
来就可以设置左侧消失点的透视尺了。同样地，在透视尺模式下，描摹朝向右侧消失点❹的两条透视网格线❺
和❻，让引导线和消失点重合，到此为止第二个消失点的透视尺就设定完成了。这里的操作和两点透视图法的透
视尺设定几乎一样。

参考 Perspective：透视尺的使用方法（p.73）
参考 Perspective：用透视尺绘制建筑物（p.122）

7

蒸汽少女的日常

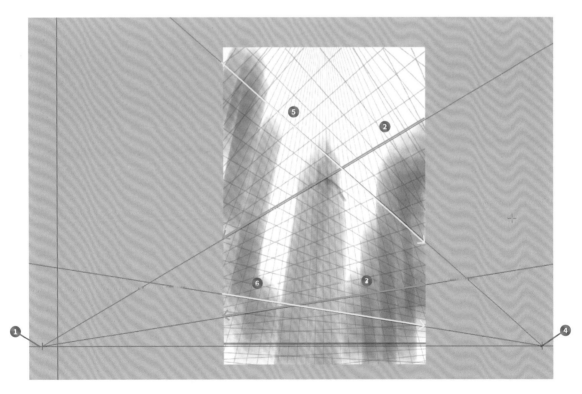

[02] 在纵向透视网格中应用透视尺

在第三个纵向透视网格中也设定透视尺。和其他情况一样，在透视尺模式下，描摹两条朝向上方消失点❼的透视网格线❽和❾，使引导线和消失点重合。这样第三个透视点的透视尺就设定好了。

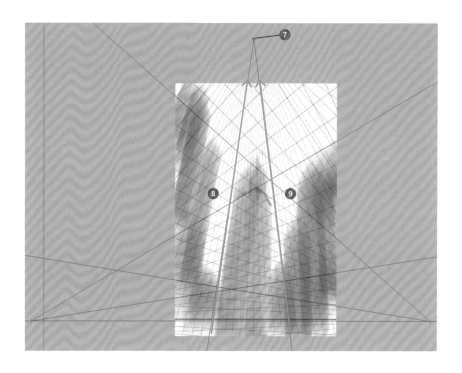

[03] 绘制建筑物

一边注意剪影轮廓，一边缩小 S-Oil 笔刷绘制建筑物。在设定了透视尺的图层中，会有透视尺的修正功能，所以可以简单地绘制出"朝向三个透视点的线"。一开始不用刻画细节，建议像❿那样首先把楼房表现成大箱子，体现出立体感，丰富信息量。

绘画过程

01 确认人物原画

Scene 7 中请江原康之先生绘制了人物原画,我负责人物的上色和背景的插画。这次请江原先生帮忙是因为,这部分想要介绍如何填充线稿的人物,如何收尾背景。本书中已经介绍了很多我绘制人物的方法,但都是粗略绘制线稿的风格,在创作人物的人看来可能不怎么常见。所以请线稿的职业动画制作人提供了高质量的线稿。我只向江原先生传达了"三条透视图法的构图""蒸汽朋克""帅气可爱的女生"这三点。江原先生绘制了"线稿"❶和"厚涂的彩色插画"❷还有"背景简单的布置"❸。完成度非常高。这里开始一边绘制背景一边涂人物,目标是提高这张画的魅力。

7

蒸汽少女的日常

> Comment 江原康之先生的点评
> 实际上原始角色的插画和我平时的工作相距较远,所以我一边苦恼,一边乐在其中。我自己也是动画制作人,所以在构图时试着加入了通过表情和姿势来感受动作的构图。

02 | 绘制透视网格

新建图层，用透视笔刷（U-Pers 笔刷）在画布的中央单击。用变形模式（Ctrl + T）拉伸透视网格，描摹朝向画面深处的第一个消失点的透视网格。把拉伸的透视网格调至和朝向草图深处的线❹大体上重合❺。第二个消失点也用同样的操作，将透视网格向左放大拉伸，直到和横向的草图线❻重合❼。第三个消失点和朝向下方消失点的线❽重合。这样三点透视图法的透视网格❾就完成了。如果不习惯有很多线，难以理解，那就把三个网格用颜色区分。

参考 Perspective：用三点透视图绘制建筑物（p.151）

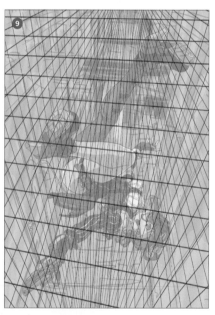

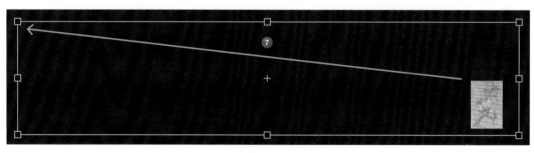

03 | 设定透视尺

新建图层，设定和透视网格重合的透视尺。细节操作请参考"Perspective：透视尺的使用方法"（p.73）。透视尺模式下，首先描摹两条朝向画面深处第一个消失点❿的透视网格线，设定透视尺⓫和⓬。接着用同样的操作，设定朝向画面左侧第二个消失点⓭的透视尺⓮和⓯。基本上每个透视尺拉两条直线，两条直线的交点就会变成消失点。最后，设定朝着第三个消失点⓰的透视尺⓱和⓲。设定三个消失点只要拉六条线。

参考 Perspective：用透视尺绘制三点透视图法的建筑物（p.151）

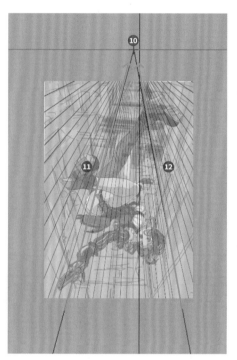

第一个消失点

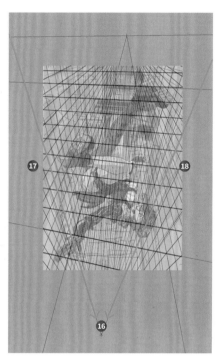

第三个消失点

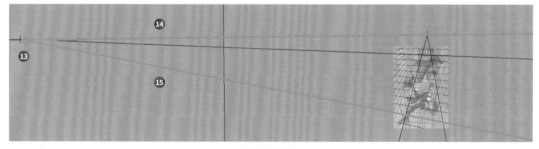

第二个消失点

> Point 透视尺的价值在三点透视图法

可以发挥透视尺价值的是三点透视图法。如果想手绘三点透视图法，由于必须要同时注意复数个数的消失点，所以很难绘制得正确。如果使用了透视尺，就可以高效又正确地画好。我在用 Photoshop 画画时，为了利用透视尺的功能制造三点透视网络，也会使用 CLIP STUDIO PAINT 导入。透视尺就是这么重要。

04 把握立体

在设定了透视尺的图层中，用 S-Oil 笔刷加入沿着透视的直线⑲。设定了透视尺后，只要随意挥动笔刷，就可以制作出正确的直线。颜色用吸管工具在草图的线上取色。

这是为了把握背景立体感的画法。Scene7 中背景是蒸汽朋克的都市，把构成都市的大楼要素简单化成箱子。因此这里像⑳那样形象化成箱子，想象成是给箱子加影子。不过这么说只是为了理解，没必要绘制得那么正确。

> Point 将三点透视图法简单化来考虑

于物体的表面，而不能表现出三点透视图法特有的空间压迫感。为了防止这点，把物体简单绘制成箱子和圆柱等是非常重要的。这不局限于草图等初期阶段。在画画途中有违和感时、不满意时都可以像⑳那样拉条辅助线，再一次确认立体感。

05 确认打光增加对比度

确认人物的打光。看影子的附着方法，把握光是
怎么照射的。胸的下方、脸、腿的侧面 **21** 有光，
臀部和背部的机械 **22** 也有强光，说明这张图有两
个光源照射的光，分别是"照相机正面来的光"
和"人物背后来的光"。也就是说，人物背后的
背景要明亮。

新建叠加模式的图层，使用 S-Air 笔刷，用明亮
的蓝色把人物背景的颜色调亮 **23**。用蓝色是因为
角色的主色是暖色系。江原先生的画是用非常清
晰强烈的线条绘制的，所以背景的填充也要有不
输于它的强烈对比。因此，新建叠底模式的图
层，把人物周围的背景调暗增加对比度 **24**。

06 绘制底色

用 S-Oil 笔刷在人物的背后加入白色的笔迹㉕。
这是从都市泄露的阳光。这个时候不用把整体都
调亮，在泄露的光亮旁边加入暗的笔迹，变成锐
化的帅气。

用同样的笔刷绘制大楼的窗户。打开透视尺，挥
动刷子，就能轻松地绘制出正确的线。描绘大楼
的时候像㉖那样通过认真绘制朝向下面的直线来
强调高度。另外由于目前是草图阶段，所以不需
要考虑细节的整合，只要这里大概有这些东西就
好了。

再者，这幅画中有从下往上的流向㉗，所以在㉘
的位置绘制上拱桥等成为背景的中心来抵消这种
流向。

▶Point 绘制背景的中心

风景画也好，人物是主角的画也好，在背景中要
绘制能够支撑整个画面的中心元素。所谓中心元
素是传达"是这个地方、这个世界"的东西。在
这张图中是拱桥㉘。描绘梦幻和 SF 等和现实不
同的世界时，背景的中心特别重要。

07 | 改变背景的色调

统合背景的图层，依次选择"编辑"→"色调修正"→"色平衡"将高光的色调变成偏向绿色。之所以这么调整，是因为如果用以前偏蓝的光，那么比起蒸汽朋克的氛围会更像科技的氛围。

08 | 将人物的影子复杂化

新建叠底模式的图层，用 S-Air 笔刷像❸那样在角色的影子中加入晕染。光照射的部分❸就维持原样，这是笔触。原因是一旦在光线照射的部分都加入信息量的话，就会更有立体感，导致日风人物特有的平面可爱印象变得单薄。在影子中加入晕染时，一边带来立体感，一边也不能失去日风的可爱。

接着是用 E-S-Oil 笔刷（不透明度：30%）把晕染的影子一点点擦去。消除时的要点是像❸那样，不要消除光和影的界限。这个技巧在人物填充时也可以使用。一边维持作为人物的可爱、帅气，一边表现强烈的立体感和锋利感。腿是性感的，所以增加影子时要体现肌肉的走向和美感❸。这个阶段完成后，把画放置一周。

▶ Point 日系风格的角色不是普通的立体

绘制日系风格的人物时，如果像刻画普通的立体那样加入细细的阴影，会过于真实，失去人物特有的可爱感。这是因为很多日本角色不是用面（颜色填充）而是用线条描绘轮廓。因此，如果用一般的用面表现立体的手法，则会有违和感。这页介绍的影子的晕染和在光和影的界限处加入强烈阴影的技巧可以减少这种违和感。绘制人物插画的时候一定要试试。

09 改变构图

一周后重新看画，感觉人物反了，眼睛感到混乱。乍一看很难看出是什么画。

一张画的初印象非常重要，所以要大胆下决心改变构图。进入菜单，依次选择"编辑"→"旋转画布"→"180度旋转"，让画布旋转 。虽然看上去是很大的改变，但只是改变上下的方向，所以可以维持原本的透视。最后，用色平衡修正把背景的配色调成饱和度比较高的黄绿色。因为感觉颜色的层次感比较弱。

顺便，旋转了画布后，透视尺也会一起旋转，所以没必要再次设定。

> **Memo** 如果烦恼就大胆改变
>
> 改变构图的时候，一点一点变的话操作会比较多，会很难知道到底应该怎样。这种时候复制制作的文件做好备份，大胆改变构图吧。烦恼的时候就大胆改变，很多时候能使画面变得更好。

10 给人物的姿势增加意义

构图的改变导致人物在空中的理由变得没有说服力，所以换成避开敌人枪弹的场景，增加敌人和发射枪弹的特效。特效  需要信息量，所以用粗糙质感的 T-Pastel 笔刷绘制特效，用 S-Oil 笔刷绘制敌人 。为了能通过剪影轮廓体现敌人，敌人的形象便设计成拥有发射怪异光线的眼睛和盔甲样的护具。

11 刻画人物

新建图层，以 S-Oil 笔刷为主，刻画人物。像 **37** 那样，仅在目前为止晕染影子的部分，加入细细的影子来强调立体感。刻画影子的时候，不要忘记 p.161 中介绍的，在光和影的界限加入更富立体感的影子。

这幅画中不用过于考虑脸周围的质感。这是因为用相机拍人物时，脸会变得最远。反而，离相机最近的鞋子 **38** 等，要表现表面的痕迹等细细的质感。用质感的表现体现距离感。

不管是刻画质感的时候，还是体现立体感的时候，最重要的点是高光的加入方法。要好好考虑光是怎样照射的，像 **39** 和 **40** 那样加入锐化的高光收尾。另外，像 **41** 那样，如果是眼睛和脸的轮廓等想要让它显眼的部分，要在高光的旁边加入暗的部分提高对比度。

> **Point** 整体的立体感是最重要的

仔细刻画的话会注意到细微的立体感，如果是头部的话，那最重要的不是头发的立体感，而是头部整体的立体感。细节表现虽然重要，但也不要失去整体的立体感。

12 合成照片

把照片素材用叠加模式合成在背景中，增加背景的信息量。

依次选择"文件"→"读取"→"图片"，将照片素材导入画布。也可以像那样从图层面板直接拖拽，会更方便。

把读取的照片素材拉伸至铺满画面整体。由于读取状态下，照片的纵横比是固定的，所以建议取消勾选"保持原始图片的比例"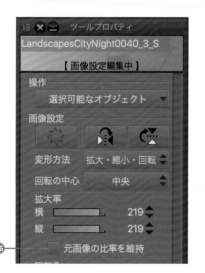。照片合成是可以简单地增加背景的信息量的方法，所以经常在绘制高密度背景时使用。

参考 Technique：照片合成和颜色合成（p.169）

13 用认知描绘来细致化

通过照片合成增加了信息量，细致的线索变多了。比如，我觉得**47**的黑色部分是"大的入口使这里变暗了"。因此新建图层，打开透视尺，用 S-Oil 笔刷绘制左右的墙壁轮廓**48**，做成实际上有大的入口的设计。这个技巧被称为"认知描绘"。认知画法是将自己的认知，以及"这里看上去是这样的"这种印象保持原样，赋予其形态的技巧。它可以用在自然物和梦幻等所有的元素中。

参考 Technique：认知描绘（p.171）

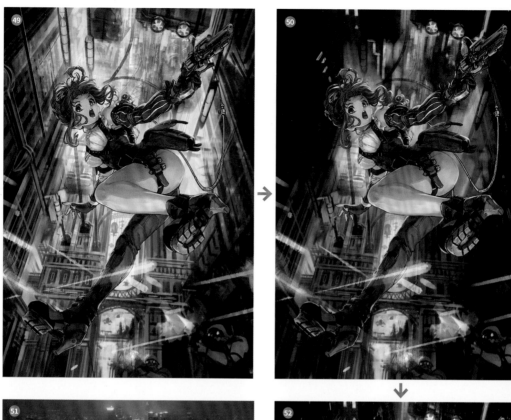

14 整理信息量

绘制背景后，发现人物很难被凸显出来，难以传达画面的状况49。因此新建叠底模式的图层，用S-Air 笔刷涂上暗的灰色，降低整体的明度50。色调调暗后背景信息会被破坏，所以人物就会变得显眼。这次密度有点不够，所以用线性模式合成51的照片素材，增加了窗的灯光。如果想要夜晚的灯光，那就不用叠加模式，而是用线性模式合成，这样光线就会保持原样反映在画面中52。

15 再次刻画背景

用 S-Oil 笔刷在突然变暗的背景中刻画细节。注意到背景的建筑物大部分都是直线的，所以需要追加曲线的窗户。首先用明亮的绿色简单地描绘窗户的边缘 53，边缘要关掉透视尺后手绘。绘制好边缘后，用吸管工具取周围暗的颜色，用 S-Oil 笔刷在窗户中加入笔触。绘制的要点是像 54 那样把玻璃和支柱的界限部分调亮。玻璃的绘制方法，请参考Scene 6（p.136）。

▶Point 曲线和直线的平衡

如果街道有违和感，一般是因为建筑物的设计偏向直线和曲线的情况比较多。曲线的建筑物比较多的话就增加直线的建筑物，直线的建筑物比较多的话就增加曲线的建筑物，这样把握整体的平衡可以赋予层次感。

16 刻画敌人士兵

接下来刻画敌人士兵提高密度。但是，说到底士兵只是配角，太显眼的话不太好。因此绘制的时候，要重视高光和剪影轮廓。高光 55 要做出反射枪闪光的效果，用"吸管"工具取特效的颜色使用，调亮士兵背后的背景色 56，来强调剪影轮廓。

17 绘制白烟增加眩光效果

本来想调亮主要角色的背后，但一旦加入锐化的高光，背景的信息就会变得过强。因此，绘制带有蒸汽朋克感的白烟，变成模糊明亮的效果 **57**。在人物图层下面新建图层，用 U-Cloud 笔刷绘制烟。U-Cloud 笔刷是云的笔刷，但在绘制烟的时候也可以简单地画好，非常方便。接下来新建线性图层，用 S-Air 笔刷以 **58** 附近为中心加入笔迹，表现眩光效果。人本能地会注意明亮的地方，所以要有意识地调亮脸的周围。由于增加了烟的柔和明亮，所以和画面底部强硬元素的层次感也有了。

参考 Point: 眩光效果（p.28）

> Point **所有要素保持平衡**

直线和曲线、锐化和柔和、明和暗，所有的要素都有相对的表现存在。有违和感的难以感觉到魅力的作品，多半是失去平衡感的。要么是只有柔和没有锐化，要么是只有暗没有明，相对的表现比较少。自己的作品中要注意是否很好地表现了相对的要素，平衡有没有崩坏，这些都要好好确认。

18 精益求精

以人物为中心，用 S-Oil 笔刷、S-Pen 笔刷、G-S-Oil 笔刷给整体加入细节收尾。尤其是枪和机械等金属，非常锋利的高光 **59** 和柔和的影子 **60** 是要点，所以要用 S-Pen 笔刷锐化，用 G-S-Oil 笔刷晕染一部分，这样反复操作提高真实感。

照片合成和 颜色合成

照片合成和颜色合成是能够快速增加画面的信息量的技巧,是数码插画特有的技巧。

 ## 所谓照片合成

照片合成是把照片合成到画中制造信息量的技巧。和临摹的画比,数码插画的弱点是,信息量比较少。临摹的画有实体,所以纸张的凹凸质感和颜料等都可以增加画面信息量。但是数码插画中也可以克服弱点,有和临摹的画匹敌的信息量,只不过要花很多时间。照片合成利用了写实度高的信息量,可以缩短画的时间。本书的 Scene 7 和 Scene 8 中使用了该方法。

· 关于照片的著作权

照片合成的素材来源,请用自己拍的照片,或者在照片素材网站发布的、明确表明可以自由使用的照片。不能随意使用通过照片搜索找到的照片和其他人发布在网上的照片。否则会侵犯著作权。关于著作权,请仔细对待。
照片素材网站中有可以免费使用的情况和不能商用及修改的情况。在使用照片素材网站的照片和图片时,一定要确认能否用来合成画。

· 推荐的照片素材网站

textures.com(http://www.textures.com/)制作了《玩具总动员》的 PIXAR 和《指环王》的 Weta 工作室也会使用,可靠度很高。需要加入会员,也可以免费试用,请一定要用用看。本书中使用的照片素材全是从这里下载的。

 ## 所谓颜色合成

所谓颜色合成,是在画画过程中,把自己其他作品合成进来的技巧。目的是产生颜色的多样性和偶然性。手绘画中会随机产生颜料混合的情况,而在数码插画中很难再现,所以和临摹的画比起来颜色的信息量就很容易变少。因此,把自己的画合成,随机制作颜色的变化和偶然性。本书在 Scene 5 中使用了该方法。

· 关于绘制素材

必须使用自己的作品合成画。即使是在版权上没有问题的作品,有很多人也会介意把别人的作品混在自己的作品中,所以不推荐这么做。

素材的合成方法

照片合成和颜色合成的方法是共通的。

[01] 准备要合成的照片和作品

首先请准备好没有使用权问题的照片和自己的作品。

[02] 读取到画布中

依次选择菜单→"文件"→"读取"→"图片",把合成素材读取到画布中。也可以直接把素材拖进"图层面板" ❶。

[03] 根据喜好变形

可以直接使用,但拖拽❷调整成喜欢的大小比较好。取消勾选"工具属性"面板的"保持原始图片的比例" ❸,这样就可以自由变形。

[04] 把图层栅格化

在合成素材的图层❹的地方右击,选择"栅格化",这样就可以进行色阶修正。另外,光栅化后标志❺就会消失。

[05] 把图层变成叠加模式

把图层的合成模式变成叠加模式,就可以保持底色的明暗,增加合成素材的信息❻。合成模式是"叠底"或者"线性"也都可以。合成之后,想把画调暗的话就用"叠底"模式,想把夜景等调亮的时候用"线性"模式。

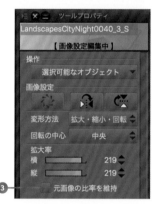

[06] 用"色阶修正"修正

依次选择菜单"编辑"→"色调修正"→"色阶修正",拖动调节合成的强弱。变成想要的强度后,用剪切合并(p.22)各个图层,这样就完成了。

认知描绘

认知描绘是可以用于自然物以及建筑物所有东西的画法。熟练记住认知描绘就可以提高画画的速度。这里将介绍认知描绘森林的方法。

所谓认知描绘

所谓认知描绘就是，意识到"看上去是这样"的自己的认知，把自我认知的东西直接表现的技巧。比如 A 看上去是岩石那就是岩石，看上去是城墙就是城墙。由于这样可以绘制在自己的想象中没有的东西，所以很适合随机感很重要的自然物以及概念艺术。

用认知描绘森林

认知描绘的特征之一是可以表现自己想象中没有的形状和自然的随机感。这里用认知描绘森林。从完全空白的状态开始，每个部分的元素和形态都由自己来决定的话，森林等多种多样的植物和自然的随机感会很难表现，所以推荐用认知描绘来勾画。

[01] 涂抹灰色的底色

用 S-Oil 笔刷适当地涂抹底色。绘制森林底色的要点是，内部明亮的话外部要暗，内部暗的话外部要明亮，这样会有对比。这次里面是明亮的，外部是暗的❶。里面暗的话容易变成让人害怕的感觉，想要恐怖氛围时可以这样描绘。

[02] 叠加图层上色

新建叠加模式的图层，用 S-Oil 笔刷把光的颜色涂成黄色和橙色，影子的颜色涂成蓝色❷。这里不强行用绿色，因为黄色＋蓝色混合就会变成绿色，这是绘制森林的要点。

[03] 颜色合成

进入菜单，依次选择"文件"→"读取"→"图片"，读取Scene 2 的作品到画布，用叠底模式合成❸。合成基本上使用叠加模式的情况比较多，但这次打底比较明亮，所以用叠底模式调暗。这样一来，人物的脸会过于清晰，所以依次选择"文件"→"变形"→"波形"，增加波形过滤，让整体歪一点❹。波形过滤的数值凭自己喜好决定。认知描绘时，把照片合成和颜色合成组合使用的情况比较多。因为通过合成，可以利用随机发生的变化和偶然。

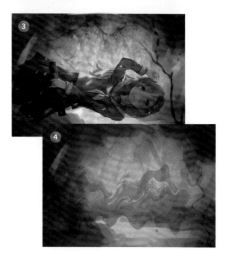

[04] 观察自己的认知

好好观察合成状态的画，观察自己到底是如何认知画的。我仔细看了 **5**，意识到里面的一部分可以绘制出茂密的树叶，就像 **6** 用白色线勾画出来的那样。

[05] 加入笔迹接近认知形状

用 T-Sakuyo 笔刷一点点加入笔迹，把认知的东西变得更像它本身 **7**。笔迹请参考 Scene 5 中介绍的树木的画法（p.113）。这个阶段的要点是不要过分随意地勾画。适当地加入笔迹后，可能会变成和自己的认知不一样的形态，连最初的认知都会不明白，所以尽可能用少的笔迹去接近想要的形态。

[06] 提高饱和度后刻画细节

注意到颜色有点浅，所以依次选择"菜单"→"编辑"→"色调修正"→"配色饱和度明度"，提高饱和度 **8**。一定程度上变得鲜艳后，用 T-Sakuyo 笔刷打点状落笔，勾画叶块 **9**。然后用 T-Line 笔刷上下挥动画下面的草 **10**。森林是聚合了草和树木的东西，所以推荐参考"Technique：树木的画法"（p.113）和"Technique：草原的画法"（p.111）。

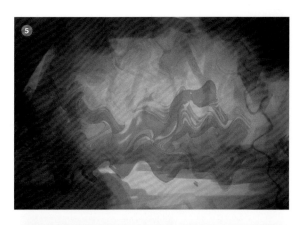

海风的街道

❶ 草图

❷ 安排 3D 模型

❸ 线稿

❹ 上色

❺ 绘制背景

❻ 收尾

 在运用了几次透视后，可以对透视网格有个印象来作画了。这里以此为目标，不使用透视网格，带着宽广的心情绘制出好看的背景。这里将介绍 CLIP STUDIO PAINT 中 3D 模型的活用以及海边和山的画法。然后，复习之前学过的章节，加入了云和天空等正统派元素。这次不同于梦幻和科幻类，选了和之前稍微不同的可爱类的作品。

 2508×3541px

 约 12 小时

绘画过程

01 绘制草图剪影

Scene 8 中绘制了本书原版的封面插画。在 Scene 5 中也试着绘制了封面插画，但为了能够让读者更更容易感受到背景的宏大感，所以采用了室外插画，没有采用 Scene 5 的插画。另外注意到本书的主题是增加人物魅力的背景，所以稍微把人物放大再勾画。

我绘制了很多草图，比如下面两个就是绘制到一半否决的。草图全都用 S-Oil 笔刷从剪影开始勾画。

· 男女牵手在堤岸奔跑
关键词：
速度感、人物的动作

否决理由：
有腰封，难以表现想要的
速度感

· 男女骑车在海边下坡
关键词：
3D 模型、坡、青春

否决理由：
大概设置了一下颜色，背景中
没有抓眼元素

即使已经绘制完了草图准备进行下一步，在不能接受时也要从头再来。不断尝试的过程中，最终决定了以在海边推着自行车的女生作为主角❶。
这个草图中倾斜了视平线❷，防止被腰封干扰，角色和元素的轮廓也很简单易懂，所以进行了下一步。
不过，并非要在这个时间决定是否采用插画。绘制草图的时候，想到在背景中绘制空中都市这个抓人眼球的元素，这一设计在上色时得到了确认。

> **Memo 倾斜视平线的构图**
>
> 倾斜视平线和拍照时照相机向右或向左倾斜相同。如果要拉透视网格，则要和这个倾斜的视平线重合。这次，希望看到这幅画的人能注意到初见画面给人的印象和作者作画的心情，所以不使用透视。如果使用透视网格，虽然可以绘制出正确的画，但是元素可能会让画失去最初想呈现的效果。

02 安排 3D 自行车

进入菜单，依次选择"窗口"→"素材"，勾选中间任意项目，显示素材面板。在素材面板的搜索框中❸输入自行车，就会出现 3D模型。把❹拖到画布中新建图层，就可以操作画布上的 3D 模型了（电脑上没有下载素材的情况下，会确认是否从云下载，点击OK，再一次拖动）。

拖动 3D 模型上的按钮❺可以进行模型的旋转、移动和缩小等操作。通过这个操作让 3D模型的自行车和草图的自行车重合。之后在模型的图层❻右击，栅格化（变成普通图层），就可以从 3D 模型做出正确的轮廓❼。这里虽然和草图重合涂上了灰色，也要复制留下有 3D 模型颜色的图层。

▶Point 3D 素材的活用方法

CLIP STUDIO PAINT 中提供了很多 3D 素材。这些素材可以作为 3D 模型的图层来配置，再把 3D 模型的图层光栅化就可以切换成普通模式的图层。尤其是自行车等工艺细致的元素，自由配置 3D 模型的大小和角度，把图层光栅化，然后开始勾画，这样的方法比较有效。如果能把 3D 模型作为正确的打底使用的话，也可以轻松绘制出小的物体。

03 | 绘制空中都市

在画面的深处，绘制飘浮在空中的都市。首先，在人物和背景的剪影轮廓图层下面新建图层，用 S-Oil 笔刷勾画出大大的积雨云 ❽ 。在积雨云上面像 ❾ 那样勾勒空中都市的剪影轮廓。在云的前景绘制人物，在云的深处绘制空中都市，增加对比，让各个要素显眼。

04 | 勾画人物的线稿

用 S-Oil 笔刷勾画人物的线稿 ❿ 。不仅是单纯绘制线稿，用大的笔刷使用浓烈颜色绘制衣服和影子部分，捕捉人物整体的轮廓。人物则设定成现代风。虽然是有空中都市的世界，但并不是遥远未来的感觉，也不是完全梦幻的世界，是仅仅和现实稍微有点不一样的世界。

05 上色

新建叠加模式的图层，用 S-Oil 笔刷上色。夕阳从右侧照射，所以云和都市、人物等都是黄色调的，天空和海则都用中间的蓝色上色。为了表现海的反射，所以像⑪的方向动笔。简单上色后，把叠加图层剪贴合并到草图图层上，使其着色。

▶ Point ◀ **水的反射垂直视平线**

想要实现水的反射时，在视平线⑫的垂直方向上挥动笔刷。Scene 8 中倾斜了视平线，所以配合视平线让笔刷倾斜。

06 提高存在感

用 S-Oil 笔刷（不透明度：80%）刻画细节，提高存在感。仅靠叠加模式的图层上色的话，会变成轻飘飘的不明确的感觉。所以用不透明度高的笔刷锐化，突出存在感。尤其要在脸和头发的高光、云的右侧、街道的右侧等光照射的区域⑬重点填充。另外用 T-Pastel 笔刷、浓郁的蓝色来涂天空⑭。通过天空的浓郁来间接强调都市的轮廓。

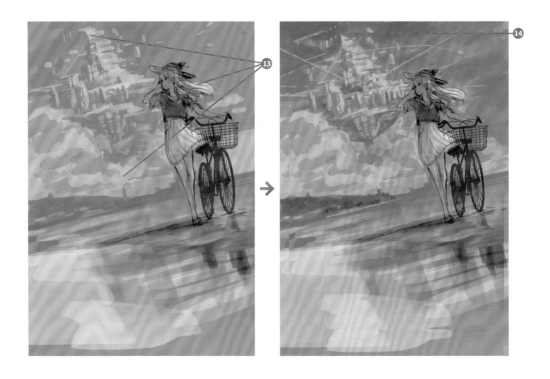

07 | 填充人物

用 S-Oil 笔刷、S-Sakuyo 笔刷刻画人物。用 S-Oil 笔刷刻画短裙、短袖的身体部分，表现光滑的立体感，依靠 S-Sakuyo 笔刷的笔压绘制小的锋利的笔触⑮，表现短袖的褶皱。颜色则使用吸管工具在已有的画布取色。比如若是短袖，短袖中明亮的部分用⑯的颜色，暗的部分用⑰的颜色。因为画布中已有的颜色能融入画的空间中，所以比使用新的颜色更实用。

08 | 绘制沙滩

用 T-Pastel 笔刷和明亮的黄色、橙色绘制沙滩。笔刷像⑱那样之字形挥动。沙滩很难捕捉纵深，但通过这种路径能轻松表现纵深。多亏沙滩，从画面前端流向后端的水流变得更有纵深感了。

09 合成照片

在空中都市的部分合成照片提升质感。把**19**的照片通过菜单的"文件"→"读取"→"图片读取"到图层中。把这个照片的图层栅格化，变成叠加模式。接着用变形模式（Ctrl+T）调整位置和大小，和空中都市重合。然后，依次选择菜单的"编辑"→"色调修正"→"色阶修正"来调整对比度，调整完要留下多少照片的信息后，最后用E-S-Oil笔刷擦除在空中剩下的部分**20**，仅剩空中都市**21**。

参考 Technique：照片合成和颜色合成（p.169）

> Point 使用什么样的照片来合成

基本上，配合元素来选择照片。这里的元素是空中都市，所以用房子和窗户比较多的照片**19**。想绘制森林的时候用森林的照片，想绘制草的时候用草原的照片合成。不过，用不同领域的照片合成的话，可能会有自己没想到的形态出现，这也是一种技巧。

照片合成

10 空中都市中用两种 画法细节化

对空中都市，进行信息量的增减。

· 增加信息量

用 S-Sakuyo 笔刷（不透明度：
90%）来增加画面信息量。在底色
中看上去凹的❷部分，加入暗色的
笔迹❷，增加立体感。通过在明亮
的部分和暗的部分的边界加入强烈
的影子，增加画面对比度和立体
感。这和 Scene 7 中人物的画法
（p.161）同理。

· 减少信息量

用 S-Oil 笔刷，减少写真合成带
来的信息量❷。用 S-Oil 笔刷的
光滑笔触调整照片合成的粗糙度，
减少信息量。硬要画的话，有信
息量的部分和没有信息量的部分
就有了层次感。

> Point 减少绘制内容

一般而言，说到细节化，一般印象
是增加信息量。但如果是照片合成
的情况下，反而要注意减少信息量，
这点很重要。照片合成可以一次性
增加很多信息量，导致整体太满。
像目前为止一直说的那样，画面的
魅力在于高低错落的层次感，因此，
仅靠照片合成是不会产生魅力的。

↓

11 绘制海鸥

因为想要让人物显现出热闹和动感的效果，所以在人物的图层下面新建图层。用 S-Oil 笔刷绘制海鸥。海鸥的特点是，羽毛的尖端是黑色的 ㉕，整体是白色的。首先勾画底色的白色轮廓 ㉖。基本上只用为最前面的一只海鸥刻画细节。因为这个画的主角不是海鸥，所以画中海鸥的作用只是让人物显眼，体现动感。信息量只靠白色轮廓就够了，多余的描绘会淹没轮廓，反而是阻碍。

12 绘制云

用 S-Oil 笔刷、G-Paper 笔刷绘制云。云的作用是体现空中都市的宏大。因此，用吸管工具在 ㉗ 的颜色中取色，用 S-Oil 笔刷像 ㉘ 那样勾画云团。这样一来，轮廓的重叠就可以表现纵深。用 G-Paper 笔刷横向晕染积雨云下面的部分 ㉙。云的上面的部分需要绘制成干燥的质感，下面的则是湿润的质感，这样就有了层次感。

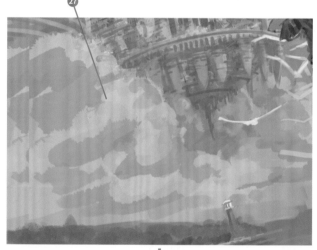

13 绘制海滩

绘制海滩的时候要参考很多资料。可以在 Google 图片搜索框中输入"海边""沙滩"等关键词获取资料。要点是不仅要搜索中文，也要搜索英语，我会搜索"wave beach"等。用英语搜索可以获得中文搜索结果数倍的资料。然后运用这些资料，总结出以下三个要点来绘制。

▶Point 海滩的三个要点

·潮湿的沙子颜色会变深

最不能遗漏的要点就是海边的沙子吸水后颜色会变深。因为想要粗糙的质感，所以用 T-Pastel 笔刷，颜色用稍微深一点的橘色来涂抹30。单纯降低明度的话会带来暗沉的印象，所以提高饱和度让颜色变艳保持明亮。

·菱形的水花

海滩会因为波浪的原因出现水花。与其说是水，绘制白色的泡泡更简单。主要使用 T-Pastel、S-Oil 笔刷，表现泡泡的颗粒感和平滑感。更重要的是泡泡的形状整体是菱形的31。这种形状可以表现纵深和波浪感。

·运用绿色和黄色

海是蓝色的这种印象比较强，在海滩上，随着颜色加深就会有黄色32、绿色33、青色34等颜色变化。根据水的深度选择黄色或绿色。黄色可以透出沙子的颜色，绿色是沙子和水的蓝色混杂的颜色，青色是反射天空的颜色，这样来考虑就比较容易表现。

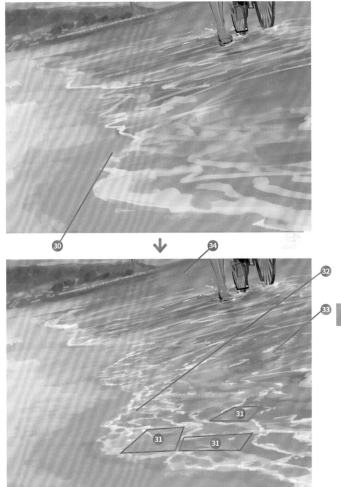

▶Point 照片资料的使用方法

在图片搜索中找到的照片资料不能直接作为素材使用，会侵犯著作权。

但是，这些照片可以作为资料运用。这里建议的运用照片资料，是指找到元素的特征和式样。不仅观察想要绘制的对象的颜色、形状、质感等，也要找到隐藏的式样和最具个人风格的特征。如果找到了式样和特征，那么就可以在画作和照片资料完全不同的构图和场景时表现个人特色。如果有想要绘制的元素就收集资料，经常看资料可以快速提高水平。

14 绘制水的波动

用 S-Pen 笔刷和 G-Finger 笔刷绘制水的波动。和海滩一样，在 Google 图片搜索中搜索"water drop"，找到可以当作参考的照片，发现特征和式样。

水的波动的要点是突然飞出的部分 35 和散开部分 36 的层次感。首先用 S-Pen 笔刷，颜色用白色，轻描弧状的动作描绘水飞溅的轮廓。用白色是为了强调反射。最后用打点状勾画水的飞沫 37 就行。这样整体来看感觉画面看起来有点小，所以以为了加强表现反射，把水的飞溅勾画得更易懂。用 G-Finger 笔刷晕染 38 部分的颜色，平滑的延伸可以简单表现水散开的感觉。

↓

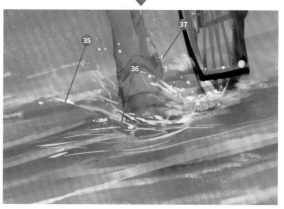

15 用色平衡调整颜色

整体都带有蓝色，给人感觉稍微有点寒冷。所以新建色平衡的色调修正图层，把高光的颜色像 39 那样调整。高光的颜色变暖后，就展现了和天空的蓝色间的层次感，变成了明亮的印象 40 。

▶Point 制造暖色和冷色的层次感

在绘制颜色鲜艳的画时，遵循"影子是冷色，高光是暖色"，或者"影子是暖色，高光是冷色"的规律，更换影子和高光颜色的色调。这样一来，就可以有颜色的层次感，既鲜艳又有魅力。

16 增强人物的影子

感觉人物太融入空间了，绘画的印象变弱了，所以把叠加模式的图层剪贴蒙版加到人物的图层上，增强影子。

首先用 S-Air 笔刷（不透明度：30%），在人物的左侧加入紫色、蓝色，强调和背景光的颜色差。接着用 E-S-Air 笔刷在 ㊶ 的部分稍微擦除锐化，给影子增加层次感。具体使用什么颜色请参考 ㊷ 叠加模式的图层。

▶Point◀ 影子变形

注意要给人物的影子变形。这幅画中像 ㊸ 那样把影子像直线状变形。正确考虑的话，头是圆柱的，所以不会变成太直的影子，但这个情况下，全都变成直线更可以看出整体的看点。细节的阶段很容易过于注重真实感，导致消除草图时勾画的自然的变形，所以要注意这点。

8

海风的街道

17 刻画整体

调整还未刻画的地面的街道和自行车。

·地面的街道

在最显眼的灯台处强化阴影，并用 S-Pen 笔刷（不透明度：100%）在 ④④ 的地方加入白色的笔迹，变成锋利的印象。街道和山不那么重要，所以为了补充在底色中有的笔刷痕迹 ④⑤，用 S-Sakuyo 笔刷打点状加入笔迹 ④⑥，稍微提高立体感。街道的建筑物会反射强烈的夕阳，所以用 S-Pen 笔刷涂抹上白色的高光 ④⑦，不用画得太精细。

参考 Technique：山的画法（p.187）

·自行车

轮胎太细了，参考女式自行车的照片资料，放大 S-Oil 笔刷。自行车是金属的，所以要强调反射，这点非常重要。考虑光的方向，用 S-Pen 笔刷在反射的部分 ④⑧ 加入强烈的高光。用 G-S-Oil 笔刷晕染车把弯曲的部分，表现金属的质感。

↓

18 眩光效果收尾

新建线性模式的图层，用 S-Air 笔刷，在人物的头发和短裙处加入橙色系的笔迹，用来表现眩光效果，这样画面就完成了 ④⑨。

山的画法

这部分将会介绍中景和远景的山的画法。中景是绿色茂密的山，远景是阿尔卑斯山脉那样的雪山。

绘制中景的山

[01] 用灰色上底色

用 T-Pastel 笔刷（不透明度：60%）像弧线那样动笔刷❶。重点是降低笔刷的不透明度。笔刷颜色重合的部分❷就成了山上树木的阴影。颜色使用暗灰色。

[02] 叠加图层上色

新建叠加模式的图层，使用中间的绿色❸给整体上色。由于有灰色的阴影，所以用 S-Oil 笔刷随意描绘，就会变成自然的山的绿色。

[03] 让影子清晰

用 S-Sakuyo 笔刷（不透明度：70%）在影子的部分加入锯齿状❹笔迹，锐化影子。通过让模糊的影子绷紧突出存在感。重点是在树木的下方❺横着动笔刷，这就是地面和山的分界线。

[04] 通过细节让画面收紧

用 S-Oil 笔刷（不透明度：70%）以针叶林、地面和山的界限❻为中心，整体收尾。使用平滑的 S-Oil 笔刷，绘制画面前为主的粗糙的质感，平的部分和复杂部分要有层次感。虽说是绘制，但也要尽可能保留底色中好的部分。看到上面抽出的精细部分❼，可以明白只用了最低限度的画法。

绘制远景的山

[01] 用灰色上底色

新建两个图层，在第一张图层上用 S-Air
笔刷，做出白色和灰色的晕染 ⑧，这就
是天空。接着在第二张图层上用 S-Oil
笔刷勾画山的剪影轮廓。笔刷的重叠 ⑨
是山的阴影，这个是重点。

[02] 用白色勾画雪

新建叠加模式的图层，用 S-Oil 笔刷给山
用中间的蓝色 ⑩ 上色。根据空气远近法，
天空的蓝色更浓烈，所以山要选和天空同
一个蓝色会更自然。接着用 T-Sakuyo
笔刷取白色绘制出山顶堆积的雪。沿着山
的斜面，用"八"字形来勾画 ⑪。

[03] 叠底加入阴影

新建叠底模式的图层，用 S-Oil 笔刷给
山加上阴影，颜色用明亮的灰色 ⑫。注
意从左边照射的光线，在右边勾勒影子。
这里的重点是，要绘制出被相邻的山遮
住了光的影子 ⑬。仅勾画影子就可以增
加真实感。叠底模式可以很快表现山的
岩石和雪的影子 ⑭。一般图层的情况下，
意外地很难合并两个图层。

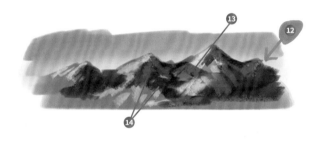

[04] 精细化

用 Sakuyo 笔刷，给雪和岩石加入细细
的笔迹提高信息量。底色已经完成了，
用吸管工具取色使用，反复操作。山上
被光照射的部分 ⑮ 的雪要加强白色，整
体收紧。

Memo **远景的绿色山的画法**

之所以介绍雪山远景的画法，是因为比起绿色的山，更想要雪山。
因为雪山有白色和岩石表面两种颜色需要配合山的阴影，而如果
是绿色的山，只要给绿色一种颜色加阴影就行了。掌握了雪山的
画法后，只要把颜色从蓝色过渡到绿色，就可以顺利绘制出绿色
的山。

后记

非常感谢大家阅读本书。我是清水洋。

这是我的第二本书了。这次写得也很艰难，大家觉得怎么样？这次公布了所有的笔刷，以笔刷为中心进行了解说，和之前的书不太一样。

因为是画"人物背景"，所以以画有人物的场景为主题来写的。希望能很好地向画人物的读者传达出画背景的方法和魅力。本书的笔刷是我推荐的，如果读者以此为契机可以挑战一下背景就好了。能把人物个体画得很有魅力的人一定也能画好背景，不会太难的。

本书为了让初学者也能理解，详细地写了思考方法。但是，实际上阅读后，可能有人会觉得"画画的时候要考虑这么多吗？好难啊。"如果说画画是一个个考虑清楚再画的，那肯定是不对的。反而靠感觉画画的人更多，请放心。

本书在讲解中运用理论挖掘了平时凭感觉选择笔刷、笔迹、颜色等在画画过程中"之所以要这样选择"的原因。因为想向读者传达"做这个选择时可以这样考虑"的思考方法。所以，

这本书就写了很多理论。实际绘画时并不是每次都必须使用理论。

理论是工具，和剪刀、尺一样的工具。画画有疑问的时候，理论就可以解答迷惑。"这里可以使用这个理论，所以这样画比较好"。因为是工具，所以在想用的时候用就好。另外也不能全听工具的。说到底工具是被你使用的，所有都是基于你的感觉来判断的。

不用想得太复杂，首先试着轻松地画背景。可以把自己笔下的人物带到各种场景中，这是一件非常快乐的事情。如果本书能对初学者和想更深入提高绘画的人有帮助就好了。顺便，也可以临摹本书中的插画，在网上自由上传。不过建议上传后说明是临摹的哦。

清水 洋

作者介绍

清水洋

插画家、概念艺术家。参与了游戏《刀剑之战》（SQUARE ENIX）的主视觉图及背景插画、动画《甲铁城的卡巴内利》（WIT STUDIO）的概念艺术、Adobe Photoshop 官方网站的插画。从事着游戏和动漫的概念艺术与背景插画、书籍的装帧画、卡插画、数码绘画的演讲等广泛的活动。

Twitter：@you629

pixiv：http://www.pixiv.net/member.php?id=2830609

主页：http://yo-shimizu.wixsite.com/yo-shimizu